断捨離や小遣い稼ぎ、副業にも！

mercari ［第2版］

メルカリ
完全マニュアル

小山田紘子【著】／染谷昌利【監修】

秀和システム

■**本書の編集にあたり、下記のソフトウェアを使用しました**

・Windows 11
・iOS 17.0.3
・Android 13

上記以外のバージョンやエディション、OSをお使いの場合、画面のバーやボタンなどのイメージが本書の画面イメージと異なることがあります。

■**注意**

(1) 本書は著者が独自に調査した結果を出版したものです。

(2) 本書は内容について万全を期して作成いたしましたが、万一、ご不備な点や誤り、記載漏れなどお気付きの点がありましたら、出版元まで書面にてご連絡ください。

(3) 本書の内容に関して運用した結果の影響については、上記(2)項にかかわらず責任を負いかねます。あらかじめご了承ください。

(4) 本書の全部、または一部について、出版元から文書による許諾を得ずに複製することは禁じられています。

(5) 本書で掲載されているサンプル画面は、手順解説することを主目的としたものです。よって、サンプル画面の内容は、編集部で作成したものであり、全て架空のものでありフィクションです。よって、実在する団体・個人および名称とはなんら関係がありません。

(6) 商標
QRコードは株式会社デンソーウェーブの登録商標です。
本書で掲載されているCPU、ソフト名、サービス名は一般に各メーカーの商標または登録商標です。
なお、本文中では™および® マークは明記していません。
書籍中では通称またはその他の名称で表記していることがあります。ご了承ください。

本書の使い方

このSECTIONの機能について「こんな時に役立つ」といった活用のヒントや、知っておくと操作しやすくなるポイントを紹介しています。

このSECTIONの目的です。

このSECTIONでポイントになる機能や操作などの用語です。

用語の意味やサービス内容の説明をしたり、操作時の注意などを説明しています。

操作の方法を、ステップバイステップで図解しています。

❗ Check：操作する際に知っておきたいことや注意点などを補足しています。

💡 Hint： より活用するための方法や、知っておくと便利な使い方を解説しています。

📖 Note： 用語説明など、より理解を深めるための説明です。

はじめに

　この本を手に取っていただき、ご縁に感謝します。

　本書では、「これからメルカリを始めたい」と思っている人や、すでに使っている人が「もっと売れるコツ」や「こんな時どうしたらいいの?」と思うことを手順に沿ってお伝えしていきます。

　インターネットとスマートフォンが普及した今、フリマアプリを使って、子育て中の主婦が家事の合間に収入を得たり、終活中のシニア層が断捨離をしたりと多くの方が日常の中でスキマ時間を活用し、副業やパラレルワークをする複業の時代になりました。

　スマホひとつで出来る手軽さから、我が家では小中学生の息子も家事のお手伝いをする感覚で出品をして、お小遣いを稼いだり、親子のコミュニケーションツールのひとつにもなっています。

　フリマアプリは「使わなくなった物」や「使っていない物」を誰もが自由にカンタンに売り買いすることが出来ます。処分するにも費用がかかってしまう今、全国どこかにいる「ほしい人」「探している人」と繋がることができます。

　今となっては、幼い頃に近所の方と家の裏のガレージに不用品を持ちより、リサイクルマーケットをしたことや、祖父の書いた古書を求めて他府県まで古本屋巡りをしたことなどが懐かしく思います。

　フリマアプリの大手「メルカリ」には、出品から発送まで安心して出来る仕組みが揃っています。ただ、残念ながら、暗黙の独自ルールがあったり、知らないとトラブルになってしまったり、なかなか売れなくて挫折している人もいるようです。

　本書は、2020年発売の前作「メルカリ完全マニュアル」の改訂版になります。

　普段からメルカリを活用しているママプロさんたちの経験談もお聞きしながら、使ってみて初めて分かったことなどを持ちより、みんなで書き上げました。

　この本を通じて、いつでも、どこからでも、気軽に便利に利用できる「フリマアプリ」の良さを、あらためて感じていただき、ライフワークのひとつにも加えてもらえたら嬉しい限りです。

2023年10月
小山田 紘子

注：ママプロ定義
ママプロとは私たちママプロラボが考える造語です。
以下の3つの定義のうちどれかに当てはまる方を『ママプロ』と呼んでいます。
・子育てと仕事を両立していきたい女性 (ママプロフェッショナル)
・子育て女性を癒やしサポートしているお仕事をしている女性 (ママプロデューサー)
・子育て女性を応援する女性とその団体 (ママプロダクション・ママプロジェクト)

購入だけでなく、出品もしてみよう。事前の検品や写真の準備、買ってくれた人とのやりとりなど、ポイントをおさえてスムーズに取引しよう。

オンラインショップの「メルカリShops」は、メルカリ同様、売れた商品の10%が手数料として引かれるだけなので、初期費用・月額費用無料で開設できる。

条件を絞り込んだり、気に入った出品者をフォローしたりして、効率よくおトクに買い物しよう。

売上金を購入に使えたり、電子マネーのメルペイとして使ったり、ビットコインの運用ができたりと、メルカリにはよりお得に使える機能がたくさんある。

目　次

Chapter01　メルカリをはじめよう ……………………………………… 13

メルカリをはじめよう

スマホひとつで、家に居ながらも買物が出来たり、不用品や手作り品を売って収入を得たり、いろんなことが出来る時代になりました。フリーマーケットもスマホアプリで誰でもカンタンにはじめられて、決して難しくはありません。どんなものがあるか、検索をするだけでも楽しいものです。さあ、スキマ時間を利用して「意外にみんながやっている」メルカリをはじめてみましょう。

01-01

「メルカリ」って何??
今までのフリマとの違い

誰でも買い手や売り手になれるインターネット上のフリーマーケット

従来のフリーマーケットは、広い公園や施設の駐車場などでイベントとして開催される
ものが主流でしたが、スマートフォンの普及に伴い、フリマアプリ（フリーマーケットア
プリの略）が登場し、いつでもインターネット上で参加することができる「フリマアプ
リ」の利用者が急増しています。多くの会社がフリマアプリを運営していますが、日本で
一番ユーザー数が多いのが「メルカリ」です。

いつでも好きな時に好きな場所で気軽にできるフリマアプリ

　インターネットでモノを売り買いする方法は、これま
で「ネットオークション」「ネットショップ」などがあり
ましたが、近年、フリーマーケットスタイルで不用品を
売買する「フリマアプリ」が主流となっています。
　今までは開催日時や場所が決まっていたフリーマー
ケットを、スマホのアプリでいつでもどこでも売買でき
るようにしたのが「フリマアプリ」です。フリマアプリ
は、天候に左右されることも、会場まで沢山の荷物を持
ち込むことも不要、一日店番をすることも不要、売れ
残った商品を片付けて帰る大仕事もなく、気軽に出品や
購入が可能になります。

誰かにとって不要になったモノが誰かの役に立つ

　メルカリでは、バッグや服、日用品はもちろん、中には高級な宝飾品や車までもが出品
されています。意外なものもズラリと販売されています。従来のフリーマーケットと同じ
で、見ているだけでも楽しいフリマアプリですが、実際にやってみると、意外と簡単に出
品もできます。不用品は捨てずにメルカリに出品してみれば、新しい持ち主が現れるかも
しれません。
　断捨離に使う個人だけでなく、農家さんやお店からもネットショップとして出品される
ようになり、さらに賑わっています。

🔍 **Hint**

断捨離で使う人はもちろん、スキマ時間でお小遣い稼ぎをする人も
　近年、沢山のモノを家に置かず、お気に入りのモノだけ家に置くシンプルな生活が流行っています。
　シンプルライフに断捨離や終活はもちろん、他にもスキマ時間や経験を活かして作品を作って出品し、
お小遣い稼ぎをしている主婦なども増えてきています。

メルカリサイトはパソコンのブラウザでも閲覧可能

メルカリは、スマホアプリだけではなくパソコンサイトからも出品や購入が可能。スマホでは画面が小さくて見づらい人などは、パソコンを使ってみるのも良いでしょう。ただし、スマホアプリとブラウザでは一部機能の違いがあります。

メルカリのパソコンサイトはシンプル

パソコンのブラウザは、スマホより画面が大きくて見やすいのはもちろん、商品一覧に商品名も表示されたり、欲しい商品を探しやすいというメリットもあります。

▲出典：https://about.mercari.com/press/news/articles/20221128_threebillion/

フリマアプリのメリットデメリット

実際のフリーマーケットでは、買い物をする時に実物を手に取ってみることができるのがメリットです。自分の目で直接確かめられるので、「思っていたものと違うものを買ってしまった」ということはほとんどありません。また、お店の人と直接話すことができるので、対面で質問をしたり値引き交渉を楽しんだりすることもできるのがメリットですが、メルカリでは、直接出品者に電話して話を聞いたりはできません。質問をしたいときは、「コメント」機能を使います。また、一店舗ずつお店を回る必要もなく、全国の出品者の商品から自分の希望のモノを検索して見ることができるので、より多くの商品を見比べることができるのも魅力です。

メルカリではリアルタイムで出品されている商品を見ることができるので、もし今、欲しいものが見当たらなくても、時間をおいてもう一度探してみたら、新たに出品されている可能性があります。

メルカリは決済方法も多彩

フリーマーケットで買物や出店をする場合、小銭など用意する必要があったりしますが、メルカリでは、カード払いやコンビニ払いをはじめ、まとめて払える後払いなど多彩な決済方法を選べます。また、売上金をそのまま商品の購入に使うことも出来ます。

01-02

不要になったモノに新しい価値を
メルカリの由来

メルカリは2013年に創業された日本企業

「気に入って買ったけど、結局使わないな」「お気に入りのかわいい服。でももう、最近は着なくなっちゃったな」と自分が使わなくなったものが、誰かの役に立って新しい価値が生まれると嬉しいですよね。メルカリはそんな思いを持ち「新たな価値を生み出す、世界的なマーケットプレイスを創る」とミッションを掲げています。

メルカリとはラテン語で「商いをする」という意味

　メルカリは、ラテン語の「mercari」に由来しており、「商いをする」という意味の言葉が屋号としてつけられています。2013年7月のサービス開始から2022年11月までの約9年半で、月間利用者数2,075万人を突破、累計利用者数は約4,800万人、累計出品数が30億品を突破するなど、日本最大のマーケットとして成長を続けています。

　メルカリの会社概要には、「新たな価値を生みだす世界的なマーケットプレイスを創る」というミッションが掲げられています。「限りある資源を循環させ、より豊かな社会をつくりたい」創業者である山田進太郎氏が世界一周の旅で抱いた、そんな問題意識によって生まれたのがフリマアプリ「メルカリ」とあります。

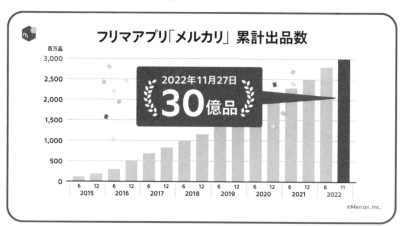

https://about.mercari.com/press/news/articles/20221128_threebillion/

⚠ Check

2018年6月18日に東証マザーズ上場

　メルカリを運営している会社は、2013年山田進太朗氏により「株式会社ソウゾウ」として創業されました。設立後、同年内に会社名を「株式会社メルカリ」に変更。2017年に経営が黒字化し、2018年には東証マザーズに上場を果たしています。日本のフリマアプリ市場では最大規模で、日本以外ではアメリカでも事業展開をしています。

メルカリはサービス開始10年 日々進化するグループ

　メルカリは、常にチャレンジ事業を行う会社です。これまでにも、本事業のメルカリフリマアプリ以外に、「メルカリアッテ」「メルカリカウル」など様々な事業を展開していました（現在はいずれも終了）。2019年には電子決済サービスの普及に伴い「メルペイ」という決済アプリ事業の立ち上げや、仮想通貨を扱う「メルコイン」、メルカリショップを展開する「メルゾウ」など、日々進化するグループです。

01

メルカリをはじめよう

💡 Hint

**お買い物がお得になる！
メルカードも**

　メルペイは、メルカリの売上金をすぐに使うことができるスマホアプリのお財布です。全国の提携店舗で利用することができたり、クーポンの発行やメルカードも併用でき、「買う、売る、支払う」の場面で随時お得な特典も用意されています。

メルカリはAIの研究にも取り組む

　2017年以降、メルカリではAIを専門としたチームを設立し、一人ひとりにパーソナライズされたサービス開発を加速させていくことを目指しています。実際に使ってみると、AIによりアプリを使うほどに使いやすくカスタマイズされていくのも実感できます。また、自動違反検知の技術も日々学習ベースで進化しており、より安心・安全に使える機能や仕組みが搭載されていっています。

　▲メルカリAI　https://ai.mercari.com/

01-03

他の中古品販売とメルカリは どう違うの？みんなの使い分けは？

オークション・リサイクルショップとの違いはココ

中古品を売るには、オークションに出品、リサイクルショップの買取、質屋に質入れする
などの方法があります。それぞれ特徴がありますが、コツを掴むと、今までリサイクル
ショップやネットオークションで中古品を売っていた人も、メルカリを使うことで多く
のメリットを感じるでしょう。違いと使い分けを知ってお得に過ごしましょう。

ネットオークションとメルカリは何が違うの？

　ネットオークションは、その名の通りインターネット上で、品物をオークション売買す
る方法です。

　オークションでモノを買う場合、ほかの人と入札で競い合い、一番高い値段を付けた人
が商品を落札することができます。購入希望者にとっては、思ったよりも安く購入できる
場合があることがメリットです。また、出品者にとっては、思っていた以上に高い値段で
商品が売れることがあるのがメリットです。メルカリの場合は、出品者が決めた価格で、
購入希望者は決まった価格で、すぐに購入することができる仕組みです。

📋 Note

オークションサイトで有名なのはヤフオク

　日本最大級のネットオークションサービスが「ヤフオク（ヤフーオークション）」です。ヤフオクに出品
する場合は、ヤフージャパンIDとヤフープレミアム会員（有料）登録が必要になります。

質屋やリサイクルショップで十分では？ 買取価格に注意

　質屋やリサイクルショップは、商品をお店に持っていくとその場で商品価格を査定して、買い取ってくれます。この時に注意したいのが、買取価格＝販売価格ではないことです。「販売価格と比較して買取価格が思ったよりも安かった」となることがあります。リサイクルショップは、買い取った値段に手数料を乗せて販売するため、「販売価格-手数料＝買取価格」となります。

⚠ Check

古着の買い取りは重さで値付きするお店も

　古着を販売する場合、リサイクルショップでも買い取りをしてくれますが、古着を専門に買取販売する古着屋さんもあります。古着屋さんの場合、ブランド品のように一点ずつ査定してくれる商品もあれば、1kg当たり150円など重さで買い取り金額が決まる場合もあります。

リサイクルショップでは買い取りNGなものも出品可能

　「メルカリで売れる意外なもの」としてChapter05でも紹介していますが、リサイクルショップで買い取ってもらえない物も出品され、よく売れていたりします。買取とフリマアプリと比較して上手に活用することもオススメです。

●よくあるリサイクルショップでは買取不可の商品

・パーツが揃っていないもの
・片耳だけのイヤリングやイヤフォン
・ぬいぐるみ
・パズル
・プラレール
・年代ものの電化製品
・ジャンク品
など

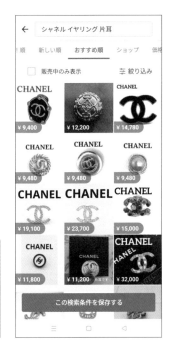

💡 Hint

売れない物を賢く使い分けて整理整頓する

　リサイクルショップで買取不可の商品をメルカリに出品するのはもちろん、メルカリに出品しても長らく売れない物はリサイクルショップに安くでも引き取ってもらうなど、賢く、ムダなく出品してスムーズにお部屋の整理整頓をすると良いでしょう。回数を重ねながらコツとポイントを掴んでいくと身の回りもスッキリしていき一石二鳥です。

メルカリの仕組みは？

いつでも好きな時に好きな場所で気軽にできるシンプルな仕組み

フリマアプリはいたってシンプル。売りたい出品者と買いたい購入者を安全にマッチングしてくれる仕組みです。メルカリは商品の決済システムから発送まで安心して取引ができるようになっています。一連の流れを今一度確認しましょう。

フリマアプリって大丈夫？

　メルカリの最大のメリットは、匿名で発送が出来たり、決済システムも導入されていて、安心して使えることです。商品を買ったのに送られてこないとか、商品を送ったのにお金が支払われないとかない？という不安がある人もいるかもしれませんが、メルカリには、出品者と購入者の双方が安心して取引ができる仕組みが出来上がっています。

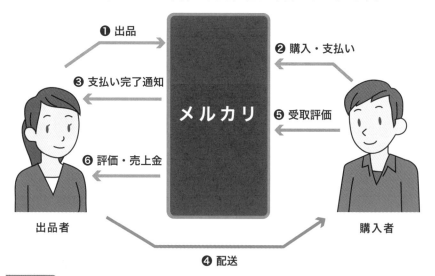

❶ 出品

❷ 購入・支払い

❸ 支払い完了通知

メルカリ

❺ 受取評価

❻ 評価・売上金

出品者　　　　　　　　　　　　　　　　　　購入者

❹ 配送

⚠ Check

より安心して利用するには

　過去の取引による評価やプロフィールの掲載内容も参考にすることが出来ます。困った時には事務局に問い合わせもできます。まずは使って慣れることがオススメです。

01-05

どんな人が使ってるの？
みんなの活用術

親子で断捨離から終活のシニアもいる

フリマアプリを使っているユーザーは若い人だけではなくなっています。シニア向けに終活やお部屋整理のためのメルカリ活用術が雑誌で特集を組まれて紹介されたり、携帯電話ショップとコラボした「メルカリ教室」でメルカリデビューをするシニア層も増えてきています。また自治体のリサイクルセンターがメルカリを活用していたり、使わなくなったおもちゃやマンガ本を出品したりする親子もいます。製造メーカーや農家さんから訳あり品が出品されていたりもしています。

いつでも売れるし買えるしセットで売れるのがフリマアプリ

　断捨離をしようと大型ゴミで処分をするのにもお金がかかる時代です。フリマアプリは24時間いつでも好きな時間に手軽に出品することが出来ます。好きな価格で商品を売ることが出来ます。出品してすぐに売れることも多々あります。なかなか売れないときもありますが、セットにして販売したり、説明文や写真を追加したり、売れるようにしていけるのもフリマアプリです。

| 引越し | 生前整理 | 断捨離 |
| アウトレット品 | 在庫処分 | B 級品 |

⚠ Check

カードのまとめ売りは全て内容が分かるようにすること！

　例えば、トレーディングカードのまとめ売りの場合は、一枚ずつ見えるレイアウトで並べ、内容が分かるような写真で出品をしなければ、ペナルティになる可能性があるので注意が必要です。

一度しか使わないものを安く手に入れる　断捨離と小遣い稼ぎ

　習い事の発表会や七五三や結婚式の行事ごとの衣装など、行事が済んだら次はいつ着るのかと言うくらいのなかなか使わないものは、サクっと買って、またスグに出品して出費をおさえるという方法で便利に活用している人もいます。

　保存しておくと場所もとりますし、子ども服ならサイズアウトしてしまうことも。劣化の心配も防げて、節約や運が良ければ購入金額よりも高値で売れてお小遣いになる人もいます。

一度くらいしか使わない買って使ってすぐ売る商品

・ウエディングドレス
・フォーマルドレスやアクセサリー
・テーマパークのポップコーンケース
・テーマパークのカチューシャ
・マンガや話題の新書
・ゲーム

⚠ Check

使ってすぐ売る時も写真くらいは撮って！

　買って使ってすぐまた売る時に、買った時の写真をそのまま使う人が時々います。印象が良いとは言えず、SNSに不満を書かれてしまうこともあります。すぐに売る場合も写真くらいはご自身で撮って出品することをオススメします。

01-06

メルカリを始めるために
必要なものは何？

メルカリを使うなら、まずはスマホがあればOK

「メルカリを始めようと思うんだけど、何がいるのかな？写真はスマホでいつものように撮ったらいいの？振り込み口座は？」メルカリでフリマを始めてみようと思ったら、最初に思うのはこのような疑問でしょう。メルカリの始め方はとても簡単で、誰もが気軽に始められます。

メルカリを始めるにはスマホアプリが便利

　メルカリは、スマホだけで簡単に始めることができます。買い物をするだけであれば、スマホにメルカリのアプリをインストールするだけで使えるので、非常にお手軽です。
　また、パソコンの方が見やすいと思う方は、メルカリサイト（https://jp.mercari.com/）にアクセスして使えます。

⚠ Check

パソコン版メルカリは一部機能が使えない

　パソコン版では、本を出品する際に便利は「バーコード読み取り機能」が使えません。また、決済方法の種類が多いメルカリアプリに対し、パソコンでは購入時の支払い方法が限定されてしまいます。また、アプリでは、リアルタイムに出品情報が更新されますが、パソコンの場合はリアルタイム更新の情報を見ることができません。その他にも、パソコン版では制限されている機能もあるので注意が必要です。

携帯電話番号の登録が必要

　メルカリは、見るだけならスマホアプリやパソコンがあればよく、登録は必要ありませんが、実際に売り買いをする際には会員登録が必要になり、スマホアプリ、パソコン版ともに、携帯電話番号を登録する必要があります。

⚠ Check

固定電話ではダメ？

　ログイン時などSMSによる認証番号の受信が必要です。固定電話の番号ではSMSを受け取れないため、メルカリに登録できません。認証番号が受信出来る携帯電話番号がないと実質メルカリを活用出来ないということになります。

← 　電話番号を認証する理由

電話番号を認証する理由・タイミング

メルカリでは、他人のなりすましや不正なアクセス等を防ぐため、下記の状況において、**携帯電話のSMS（ショートメッセージサービス）** による認証が必要です。

みなさまがあんしん・あんぜんにサービスをご利用いただけるよう、電話番号認証にご協力をお願いいたします。

- 新規登録時や再ログイン時
- iD決済の設定時
- お支払い用銀行口座からのチャージ時
- あんしん支払い設定の決済保護解除時
- 新しい端末やブラウザでWebサイトにログイン後、はじめての購入時
- バーチャルカードの発行およびカード情報の閲覧時
- メルカード申し込みおよびカード情報の閲覧時
- ポイントやメルペイ残高を「おくる」時
- メルペイクーポンの利用時

《注意事項》

💡 Hint

スケールやメジャーがあると便利

　出品をしていくと、商品の厚みやサイズが気になってきます。「らくらくメルカリ便」や「ゆうゆうメルカリ便」は暑さ3㎝以内とサイズ規定があり、規定外だと送料が高くついてしまうため、厚みが測れるフリマスケールを用意しておくと便利です。「暑さ測定定規」などとも言われています。

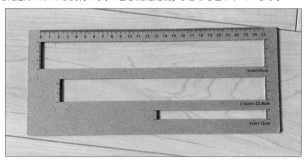

01-07

初心者でも安心カンタン 取引の3ステップ

買うのも売るのも3つのステップで安心

メルカリのしくみは買うことも売ることも3ステップで考えられています。不用品を売りたい人を出品者、商品を探している人を購入者として各3ステップの両者あわせて6つの工程で取引きが完了するものとしています。メルカリをはじめるには、まずはスマホへアプリをインストールし、会員登録します。もしわからないことがある場合はヘルプやQ&Aなどを参考にすることもできます。

売り買いの流れ

メルカリの売り買いは難しくはありません。出品から商品が届くまでを時系列で並べてみると6つの工程で取引が完了します。売りたい人（出品者）も買いたい人（購入者）もスリーステップで、今、自分の取引工程がどこまで進んでいるか確認していくと安心です。

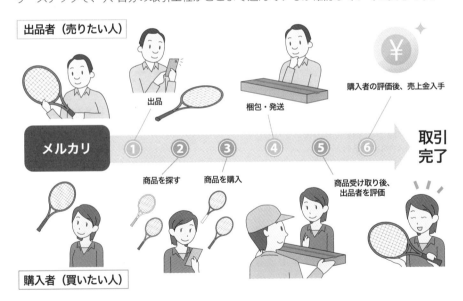

出品者（売りたい人）

出品

梱包・発送

購入者の評価後、売上金入手

メルカリ

① ② ③ ④ ⑤ ⑥

取引 完了

商品を探す

商品を購入

商品受け取り後、 出品者を評価

購入者（買いたい人）

メルカリに商品を出品する際に行うこと

メルカリで商品を販売する方法について、3ステップに分けて説明します。

❶売りたい商品を撮影する
❷商品の説明を入れる
❸出品おわり！

🔍 Hint

こだわると商品が売れやすくなる

　メルカリは実物を見ることはできません。「もし自分が購入検討者なら、どんなことが気になるのか？」という視点で写真を撮影したり商品説明を書くと、商品が購入されやすくなります。
　出品について、詳しくはChapter03で解説します。

メルカリで商品を購入する際に行うこと

メルカリで商品を購入する方法についても、3ステップに分けて説明します。

❶欲しい商品の「購入手続き」をタップ
❷支払い方法を選ぶ
❸商品を購入！

⚠ Check

購入時はよく見て！手続き完了後はキャンセル不可能

　商品の購入手続きが完了すると、キャンセルをすることができなくなります。万が一、メルカリで買った洋服のサイズが違っても取り消すことができないため、注意して商品情報の確認を行いましょう。

　商品を買ったのに、送られて来ないなんて言うことはない？商品を送ったのに、お金が支払われないと言うことはない？と言った取引をする両者の心配もメルカリが仲介することで、出品者も購入者も双方が安心して取引きが出来るように仕組み化されています。

　また相談しやすいように、オンラインとオフラインでの使い方などのサポートも充実していて安心です。

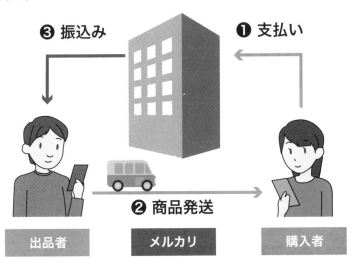

❸ 振込み　**❶ 支払い**

❷ 商品発送

| 出品者 | メルカリ | 購入者 |

💡 Hint

身バレも安心！匿名発送も充実している
　メルカリの取引は全てシステム上で行います。手渡しなども出来なくはないのですが、電話でやり取りをしたり、システム外での取引はオススメもされていません。必ずアプリ上でのやり取りが安心です。配送もらくらくメルカリ便（ヤマト運輸）やゆうゆうメルカリ便（日本郵便）を発送に使うと、相手の名前や住所がお互いに分からない状態で商品発送が完了できます。不安な場合は匿名発送を選ぶと良いですよ。

01-08

メルカリガイドやメルカリ教室など サポートも充実

困ったときもメルカリは神！お得なメルカリ教室に参加して

メルカリは他のアプリやサービスよりも、常に改善が多く見られます。テレビCMはもちろん、期間限定でショッピングモールに店舗スペースを構えたり、行政や自治体とコラボしたりと、初心者でも使いやすく寄りそう神アプリと言えます。フリマアプリ初心者にもオススメしやすいサポートとして「メルカリ教室」を紹介します。

オンラインとオフラインのサポートも充実「メルカリ教室」

　メルカリ教室は、タブレットやパソコンからYouTubeLIVEやzoomを使って受講出来るオンライン版と、ショッピングモールなどに出店されている店舗型の「メルカリステーション」や携帯電話ショップ、宅配会社の支店や貸会議室で開催されるイベントに事前予約をして参加するオフライン版があります。

https://school.mercari.com/

オンライン版のメルカリ教室はLIVE配信でアーカイブ受講も可能

YouTubeかzoomを使って受講するオンライン版なら、自宅から気軽に参加が出来ます。参加と言ってもカメラをオフにして顔出しせずに、コメント参加や声出しも不要で講座を聞いているだけでもOKです。事前申込制ですが、参加人数の幅も広く、いつでも参加出来て、そのとき受講が出来なくてもアーカイブで受講出来たりと便利です。

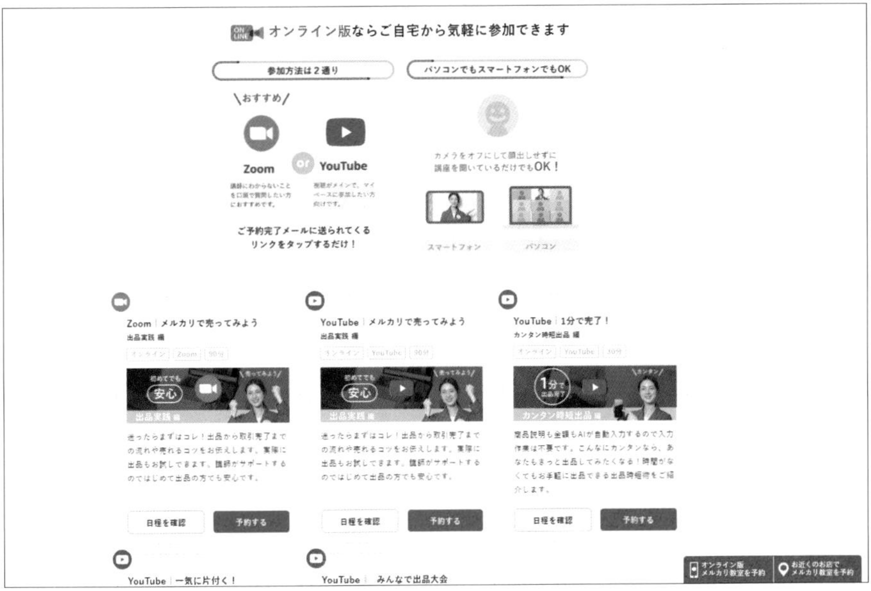

Hint

オンラインのLIVE配信はパソコンからの参加がオススメ

LIVE配信では実際に時間をとって出品をする時間もあります。分からないことなどをリアルタイムで担当者にコメントで質問することも出来ます。タブレットやパソコンでメルカリ教室を受講しながら、スマホアプリで出品を操作できるようにしておくと便利です。

Hint

受講中に出品する物でオススメは書籍

今受講しながら出品していますよと事務局が確認できるように、ハッシュタグを付けて出品するように提案される場合もあります。受講中にも売れやすく、初心者にも出品しやすい『書籍』を準備して受講すると、よりワクワクして受講することができますよ。

YouTube版のメルカリ教室は今後のライブ配信の予定や過去の動画も視聴可能

　YouTube版のメルカリ教室（https://www.youtube.com/@mercari_school）は過去の配信動画や今後の予定も確認することが出来ます。配信通知も来るチャンネル登録をしておくと便利です。

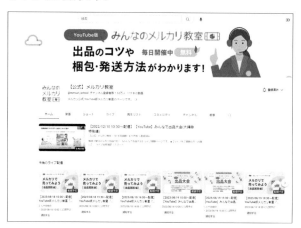

💡 Hint
YouTubeの設定も確認しておくと良い

　YouTubeLIVEを受講中にコメントで質問する場合、事前にチャンネル登録とチャンネル作成が必要です。コメントの練習も講座の最初にある場合もあるので初心者も安心して受講出来ます。コメントアーカイブが残るものは質問したコメントが残ってしまう場合もあるので個人情報などの露出は注意が必要です。

メルカリびよりで最新情報もGETできる

　メルカリ教室とあわせてチェックしていきたいのが「メルカリ」のノウハウが学べるサイトとして用意されている「メルカリびより」（https://jp-news.mercari.com/）です。もっとメルカリを知りたい方向けの情報や、使っていくうちに起こりやすい質問やコツがコラムとして充実しています。また最新のお得な割引キャンペーン情報なども得ることが出来る、意外に知られていない隠れサポートサイトです。

💡 Hint
やっぱりメルカリはサポートが手厚い！

　メルカリアプリ上に以前にあった「メルカリボックス」が廃止されたり、「メルカリガイド」も最小限になってきてはいますが、その代わりにYouTubeの動画でしっかりと確認出来たり、リアルで直接質問出来るように期間限定で全国各地にメルカリステーションが設置されたりと、サポートコンテンツで手厚く学べるのも人気が出ている理由ですね。

01-09

メルカリはどんな手数料がかかるの？

登録料は一切無料。見るだけ出品するだけなら費用はかからない

メルカリアプリは、無料でダウンロードして使えます。登録料や毎月の利用料のようなものはありません。利用料がかかるのは、商品が売れた時にかかる「手数料」です。また、購入する際には決済方法によって別途「手数料」と「送料」がかかる場合があります。それぞれについて、概要を説明します。

ウィンドウショッピングを楽しむだけなら無料

メルカリアプリは、無料で誰でもダウンロードすることができます。スマホアプリでもパソコンサイトでも、利用にあたっての登録手数料は無料です。商品を見るだけであれば、登録手続きすら必要ありません。ウィンドウショッピング感覚で、様々な商品を見て楽しむ事ができます。

一方で、メルカリを利用して商品を販売したり購入する際には、「手数料」がかかります。商品を購入する際は、販売価格以外にかかる手数料を知っておくことで、思わぬ予算オーバーを避けることができます。

商品購入では「商品代金」とは別に「送料」などがかかる場合がある

商品を購入する際にかかる費用は、「商品購入代金」＋「送料」です。ただし、オンラインで受け渡しが済む商品の場合、送料はかかりません。

また、商品代金に送料が含まれるかどうかは、出品時に売り手が決めます。送料込みの場合は、商品価格の横に「送料込み」と表示されています。大型商品や重量のある商品の場合、送料が「着払い」になっているときがあります。その際は、商品受け取りの際に着払い送料を支払います。

⚠ Check

支払い方法によって手数料が変わる

商品代金の支払いに「ATM払い」や「コンビニ払い」を選択した場合、支払い手数料が別途追加されます。
消費税については、販売価格に上乗せをして請求することがメルカリ規約で禁止されているため、消費税込みの商品販売価格になっています。

商品販売の際にかかる手数料やその他の費用

　メルカリでは、商品を出品するだけなら手数料は一切かかりません。手数料がかかるのは、商品が売れた場合です。商品の販売価格から手数料10%を引かれた額が入金されます。また、送料込みにして販売した場合は、かかった送料分も合わせて引かれて入金されます。

　メルカリアプリから「メルペイ」を表示することで、現在の売上金を確認できます。

　また、個人が趣味的にメルカリでモノを販売する場合には、消費税の支払いは不要ですが、事業としてメルカリで販売しているとみなされる場合は、消費税の支払いが必要です。

　さらに、メルカリの手数料の他に、個人であっても年間20万円以上の収益を出した場合、確定申告をする必要が出てきます。売り上げやその他の収入との兼ね合いで、住民税などが上がってしまう場合があるので、注意が必要です。

⚠ Check
見えにくい経費も考えて販売価格を決めることが必要

　商品が売れた時にかかる手数料や送料以外に、梱包資材などの経費を考えておく必要があります。販売価格以外に、どんな手数料がかかるか知っておくことで、思ったよりも利益にならなかったということをなくすのが必要です。利益の向上につなげることができます。

メルカリでよく売れる商品

メルカリでの取扱商品＆売れやすいジャンルをチェックしよう

あらゆるジャンルの商品が売られているメルカリですが、どんな商品があるのか、どんな商品が売れているのかを知ることで、出品する商品を探しやすくなるメリットがあります。出品が禁止されている商品も見ておきましょう。

メルカリで売れやすい定番商品

　洋服、アクセサリー、本、ゲームなどはメルカリでよく売れる定番商品です。中でもファッションアイテムは、レディース、メンズ、キッズとどの年齢層にも人気の商品ですので、家族の着なくなった服で出品できるものがないか探してみましょう。

💡 Hint

洋服を売るタイミングは季節を考慮すること

　洋服は出品する時期によって売れ行きが左右されます。例えば夏物なら、春〜夏の始め頃に出すと、売れる可能性が高くなります。

ネット通販の売上ランキングで売れている商品をチェック！

　Amazonや楽天などのネット通販で売り上げランキング上位に位置している商品は、現在進行形で探している人が多いものです。Amazonでは「ほしい物ランキング」も見ておきましょう。同じジャンルのものが手元にあれば、今が売りどきです。ネットでトレンド商品を検索するのもおすすめです。

⚠ Check

メルカリで出品が禁止されている商品に注意

　毎日数えきれない商品が販売されているメルカリですが、出品できない商品もあります。偽ブランド品、医薬品・医薬機器、成人向け商品など、メルカリガイドの禁止商品一覧に目を通しておきましょう。
（https://help.jp.mercari.com/guide/articles/259/）

メルカリだから売れる意外な商品たち

　メルカリを続けていると、不用品はひと通り売ってしまい、出品できそうなものがない時が訪れます。しかし、まだ家の中に眠っている意外なものが売れるのも、メルカリのすごいところです。

　ファストフード店でもらったおまけのおもちゃ、子供の頃遊んだリカちゃん人形、使わないスマホの付属品や、雑誌の付録までも意外な値段で売れることがあります。壊れた腕時計やゲーム機、カメラもジャンク品として売れることがあります。

　家の中の「隠れ資産」を探してみましょう。

01-11

メルカリを
パソコンやスマホアプリで見てみよう

メルカリサイトはパソコンでもスマホのアプリでも閲覧可能

メルカリは、スマホアプリはもちろん、パソコンのブラウザでも使うことができます。ブラウザで閲覧すると、商品一覧に商品名が表示されたり、トップページに人気のカテゴリーが表示されるなど、欲しい商品を探しやすいメリットがあります。ただし、スマホアプリとブラウザでは一部機能の違いがあります。

パソコンのブラウザでメルカリを見てみる

ブラウザを開いて「メルカリ」で検索するか、アドレス（https://jp.mercari.com）を入力して、メルカリサイトを開きます。サービスを利用するにはログインが必要になります。

💡 Hint

メルカリの情報一覧は一番下。 移動にはショートカットキーが便利

ブラウザのページ最下部までスクロールをすると、メルカリ関連の情報が一覧でまとまっています。スクロールには、ショートカットキーを使うのが便利です。[Ctrl] キーと [End] キーを同時に押すことで、サイトの最下部まで移動できます。

スマホアプリでメルカリを見てみる

スマホでは、専用アプリをインストールして見るのがよいでしょう。スマホのブラウザからも見ることはできますが、アプリならすべての機能を使うことができるのでおすすめです。

スマホを使えば、移動時間や待ち合わせ時間などのちょっとした隙間時間にも買い物を楽しむことができます。また、出品をする写真をあらかじめ撮影してスマホに保存しておけば、外出先でも出品できます。

01-12

メルカリアプリをインストールする

iPhoneとAndroidのアプリがある

スマホでメルカリを使う場合、まずはアプリをインストールしましょう。メルカリアプリのインストール方法について、iPhoneとAndroid版に分けて説明をしていきます。どちらも無料です。

iPhoneでアプリをインストールする

1 App Storeのアイコンをタップ。

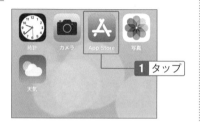

1 タップ

2 検索ボックスに「メルカリ」と入力して「検索」をタップ。

1 入力

2 タップ

3 メルカリが表示されたら「入手」をタップ。

1 タップ

⚠ Check

過去にインストールしたことがある場合（iPhone）

　メルカリ公式アプリを過去にインストールしたことがある場合、「入手」の部分には「ダウンロード」を示すアイコンが表示されます。

Androidでアプリをインストールする

1 Playストアのアプリを立ち上げ、メルカリを検索。

2 メルカリが表示されたら「インストール」をタップ。

01

メルカリをはじめよう

⚠ Check

過去にインストールしたことがある場合（Android）

Androidユーザーで、以前メルカリアプリをインストールしたことがあるが削除してしまったという場合は、Playストアの「アプリとデバイスの管理」から「管理」をタップし、「過去にインストール済み」の個所で「未インストール」を選択すると、過去に登録したアプリ一覧が表示できます。

37

01-13

メルカリアカウントを取得する

アプリをインストールしたら、アカウントを取得しよう

メルカリは、見るだけであれば登録をしなくてもインターネットのブラウザで見られますが、売り買いの取引をするには、アカウントの取得が必要です。順序を確認しながら進みましょう。アカウントの取得は無料です。

スマホでアカウントを登録する

1 メルカリアプリのアイコンをタップしてアプリを起動する。

2 アカウントの登録は、「Googleアカウント」「Facebookアカウント」「Apple ID」「メールアドレス」のいずれかから登録できる。ここでは「メールアドレスで登録」を選択。

📋 Note

友達紹介プログラム

メルカリには「友達招待プログラム」があります。登録時、次ページ手順3の画面で「招待コード」を入力すると、招待した側もされた側もポイントが貰えるお得なキャンペーンです。紹介する人は何人でも適用されます。X（旧Twitter）などで「メルカリ　招待コード」と検索すると、「私の招待コード使ってください」と発信している人もいます。

3 メールアドレスとニックネームを入力する。続いて写真を登録し、「次へ」をタップ。ニックネームはあとからでも変更が可能。

4 本人登録情報を入力し、「次へ」をタップ。

5 携帯電話番号を入力して「次へ」をタップすると、本人確認のためにSMS（メッセージ）で認証番号が送られるので確認する。

6 SMSに届いた認証番号を入力し（認証番号の有効期限は30分）、「認証する」をタップして登録完了。

1 メルカリサイトにアクセスし、「会員登録」をクリック。

2 アカウントの登録は、「Googleアカウント」「Facebookアカウント」「Apple ID」「メールアドレス」のいずれかから登録できる。ここでは「メールアドレスで登録する」を選択。

3 本人登録情報を入力し、「次へ進む」をクリック。

4 携帯電話番号を入力して、「SMSを送信する」をクリックすると、本人確認のため、入力した携帯電話番号にSMS（メッセージ）で認証番号が送られるので確認する。

⚠ **Check**

複数のアカウントは持てない

　メルカリで複数のアカウントは作成禁止となっています。SMSで認証番号は届きますが、すでに登録されている携帯番号ではエラーになりアカウント登録はできません。

> 利用できるアカウントは一つのみのため、以前登録していた方は新たに登録することはできません。
> 以前利用していたアカウントにログインできない場合は、こちらのガイド をご覧ください。

> 退会後に再度利用を希望する場合は、過去のアカウントを復活させる対応となります。
> 手続き方法は こちらのガイド をご覧ください。

5 SMSで届く認証番号を入力し、「認証して完了」をクリックして登録完了。

⚠ **Check**

結局、アプリとブラウザどちらがいい？

　メルカリは、アプリをインストールしなくてもパソコンなどのブラウザから利用することが可能ですが、アプリであれば商品写真を撮影してそのまま出品できたりと、使い勝手を考えるとアプリの方がオススメです。迷ったらアプリにしておきましょう。

メルカリにログイン・ログアウトする

ログインにはメールアドレスと本人認証番号が必要

メルカリで売り買いをするには、ログインが必要です。最初に登録した電話番号やメールアドレスとパスワードを使います。忘れてしまうとログインができなくなり、再設定が必要となるので、登録時に使用したメールアドレスとパスワードは、忘れないよう控えておきましょう。

アプリでログインする

1 アプリを起動して画面下部の「ログイン」をタップ。

2 登録したアカウントをタップ。

3 登録した携帯電話のSMSに届いた認証番号を確認して入力し、「認証して完了」をタップしてログイン完了。

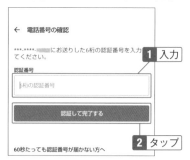

1 メルカリサイトにアクセスし、「ログイン」をクリック。

2 登録時のアカウントをクリックするか、又はメールアドレスとパスワードを入力し、ログインする。

⚠ Check

ログインできない場合 (メール・電話番号でログインする場合)

パスワードを忘れた場合は、「パスワードを忘れた方はこちら」をクリックすると、パスワードの再発行手続きができます。

3 登録した携帯電話のSMSに届いた認証番号を確認して入力し、「認証して完了」をクリックしてログイン完了。

アプリでログアウトする

1 画面下部メニューの「マイ
ページ」をタップし、画面を
スクロール。一番下にある
「ログアウト」をタップ。

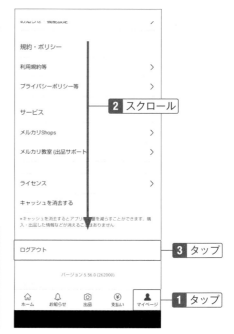

2 スクロール

3 タップ

1 タップ

💡 **Hint**

**アプリは基本的にログアウト
しなくてOK**

　次回から、アプリを起動するとロ
グインした状態になっています。共
用の端末を使っているなど、特別な
理由がなければ、基本的にログアウ
トの必要はありません。

ブラウザでログアウトする

1 「アカウント」をクリック。

1 クリック

アカウント

⚠ **Check**

**共有パソコンではログアウト
すること**

　共有パソコンなどからブラウザで
利用する場合は、個人情報保護の面
から、必ずログアウトするように気
を付けましょう。

2 「ログアウト」をクリックし
てログアウトする。

1 クリック

01-15

ユーザー名・プロフィールを編集する

ユーザー名を変えれば、本名バレも心配なし

新規登録すると、ユーザー名として本名が表示されます。ユーザー名は、自分の好きな名前に変更できます。出品を考える人は、ユーザー名とプロフィールの工夫次第で売上やフォローの件数の獲得につなげることもできます。

プロフィール画面でユーザー名とプロィールを入力・変更する

1 「マイページ」をタップ。

2 マイページが表示されたら、人物アイコン付近をタップ。

🔑 Hint

プロフィールは「個人情報設定」からも編集可能

　プロフィールは「個人情報設定」の「アカウント」のプロフィール設定からも編集が出来ます。「個人情報設定」からは住所や支払い方法やパスワードも変更出来るので時折チェックすることもオススメです。

3 「プロフィールを編集する」をタップ。

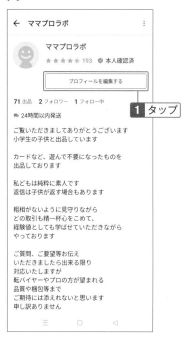

1 タップ

4 ニックネームや自己紹介文を入力して「更新する」をタップして完了。

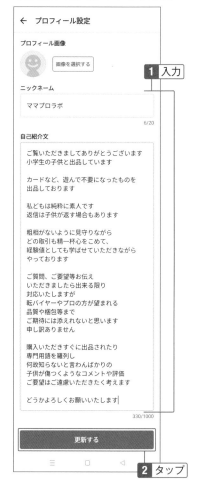

1 入力

2 タップ

01-16

初心者でも売れる
プロフィールの5つの書き方

プロフィールは自分をアピールする最大の武器

メルカリの出品にはプロフィールの充実が不可欠です。通常のフリーマーケットと違い、相手の顔が見えず、取引相手の情報は、過去の評価とプロフィールくらいしかありません。プロフィールがしっかりしていれば、取引経験が無くても相手に良い印象を与えることが可能です。売上にも関わってくると言われています。また、商品説明を書く際のポイントも紹介します。

商品説明はトラブルを避けるために注意事項を書いておくと良い

　商品の説明が足りないと、受け取った後にクレームに繋がることがよくあります。受け取ってくれても、悪い評価を付けられて、お互いに感じが悪い状態で取引きが終了してしまう場合もあります。商品の説明をテンプレート化して、出品時に毎回書いておくことも良いかもしれません。あとでトラブルにならないように丁寧に書いておきましょう。

●中古品であるということ

　出品のために開封しただけの未使用品あっても、素人の自宅保存であることや中古品であることを書いておくとよいです。

●素人による見落としがあるかも知れないこと

　美品だと思っていても、目立たない程度のキズや汚れも他人には気になることがあります。セーターなどの毛玉が気になる方もいます。心を込めて検品はしているが素人の検品であるゆえに見落としがある場合があることなどを書いておくこともオススメです。

●メルカリ初心者であること

　初心者の方は取引きがスムーズに出来ない場合もあります。梱包の仕方が規定に合っていなくて、相手に届かずに、商品が戻ってきてしまう場合もあります。「メルカリ初心者なので至らぬ点があるかもしれませんが」など書いておくことも良いかもしれません。

●写真の状態と違う場合があること

　ワントーン明るく撮影すると売れやすいという方もいますが、写真の撮影時の色の違いには注意が必要です。届いた時に思っていた色と違っていた場合、クレームに繋がることもよくあります。また、送料を安くしようとして折り畳み過ぎてシワや折り目がついてしまってクレームになる場合もあります。「折りたたんで発送するためシワがつく可能性もあります」などクレームにならないように書いておくのも良いです。

初心者でも売れるプロフィールの5つの書き方

メルカリで出品した商品を売れやすくするためには、プロフィールの書き方が重要です。メルカリ初心者でも商品が売れるようになるプロフィールの書き方を5つのポイントでまとめます。

❶あいさつ文

冒頭に挨拶文を入れると良いとされています。いきなりプロフィールを書き始めると、相手にきつい印象を与えてしまうこともあります。プロフィールを見てくれたことに対する感謝を伝えながら、相手に好印象を与えるような言葉遣いを心掛けると良いです。

❷おうちの環境や職業などのプロフィールは細かく書く

自分の年齢や性別だけでなく、職業についても書いておくと、相手も安心して取引をしてもらえます。中には匂いや保存状態が気になる方もいるので、ペットの有無、喫煙禁煙なども書いておくと良い場合もあります。

❸コメントの返信や発送作業の時間を書く

子供がいることや社会人であることなど、自分が取引可能な時間や返信しやすい時間についても書いておくことをおすすめします。発送は朝か夜のみとか、昼間は仕事をしているため返信出来ませんなど、相手も商品がいつ届くのかをイメージしやすく安心にも繋がりやすくなります。発送作業にかかる時間も多めに書いておく方が、購入後のトラブル発展防止にもつながります。

❹梱包や発送について書く

発送出来るスケジュール感をあわせて書くことが必要ですが、梱包や発送の方法について、気になる購入者も多いです。簡易包装で出来る限り送料を安くさせてもらう旨や、コレクター品は逆にプチプチなど緩衝材を使って素人ながらにもしっかりと心を込めて梱包しますなど、アピールポイントとしてプロフィールにもできるだけ書いておくと売れやすくなる場合もあります。

❺値下げ交渉の可否を入れておく

ユーザー名に入れる方もいますが、値下げ交渉が可能な場合は、プロフィール欄に書いておくと好印象にもつながります。逆に、値下げ交渉をしたくない場合は値下げ交渉が不可であることをプロフィール欄に入れておくと良いでしょう。ただし、書いたからと言って、必ず読んでいるとは限らないので、「プロフィールに書いていますが」というやりとりにならないようにすることが良いと思います。

こんにちは、〇〇と申します。プロフィールをご覧くださりありがとうございます。

東京在住の子育て中の主婦です。よろしくお願いいたします。

コメントなしの購入、値引き交渉も可能です。

基本的には、土日祝日の発送作業はできません。

メッセージのやり取りは迅速に行うつもりですが、仕事等で返信が遅れてしまうこともあります。

発送は、基本メルカリ便で匿名配送させていただきます。

ご不明な点があれば、お気軽にお声掛けください。

まとめてご購入いただける場合などのご相談も歓迎です。

気持ちの良い取引ができるよう心掛けます。

どうぞよろしくお願いします。

自己紹介文

ご覧いただきましてありがとうございます
小学生の子供と出品しています

カードなど、遊んで不要になったものを
出品しております

私どもは純粋に素人です
返信は子供が返す場合もあります

粗相がないように見守りながら
どの取引も精一杯心をこめて、
経験値としても学ばせていただきながら
やっております

ご質問、ご要望等お伝え
いただきましたら出来る限り
対応いたしますが
転バイヤーやプロの方が望まれる
品質や梱包等まで
ご期待には添えられないと思います
申し訳ありません

購入いただきすぐに出品されたり
専門用語を羅列し
何故知らないと言わんばかりの
子供が傷つくようなコメントや評価
ご要望はご遠慮いただきたく考えます

どうかよろしくお願いいたします|

330/1000

🔦 **Hint**

丁寧かつ、短文の柔らかい言葉遣いがおすすめ

　自己紹介文の書き方として重要なのは、まず丁寧であることです。文章が丁寧だと、真面目な印象を与えることができます。
　また、長々と書いてあると、読むことにストレスを感じる人もいます。1文1文、シンプルに読みやすい短文が良いと思います。
　マイルールを勝手に設定している人もいますが、キッチリと想いを書いておくと伝わる半面、トラブルにもなる可能性もあります。
　丁寧かつシンプルに読みやすい文を書くことで、好感を得やすい自己紹介文が書けます。

自分のアイコン画像を変える

アイコン1つでイメージが一変

新規登録した状態のままだと、アイコン画像がグレーの人型で味気ないですよね。アイコン画像は自分の写真である必要はなく、趣味に関わる写真やインターネットで探したイラストなどでも大丈夫です。ただし、写真やイラストは肖像権や著作権を侵害しないように気を付けてください。

その場で写真を撮って登録する

1 画面下部メニューにある「マイページ」をタップ。

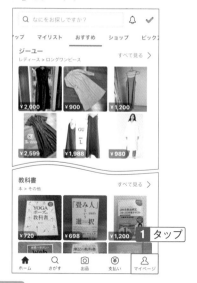

2 マイページが表示されたら、人型のアイコン付近をタップ。

⚠ Check

現在登録されているアイコン

画面左上にある、丸型で人の影のようになっているのが、現在の自分のアイコンです。

3 「プロフィールを編集する」をタップ。

💡 Hint

ペットや愛用品もおすすめ

プロフィールは自分自身の写真以外でも構いません。例えば、自分で飼っている猫であれば、この人は猫が好きなんだと共感を得ることができるかもしれませんし、愛用品なら同じものを使っている人が、趣味が似ているからと出品物を見てくれるかもしれません。

自分の好きなモノの写真を使用することで、同じ趣味の人を引き付けることもあるので、楽しみながら写真を撮ってみましょう。

4 「画像を変更する」をタップ。

5 「カメラで撮影」をタップ。

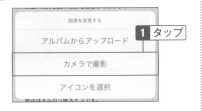

6 撮影画面になるので、アイコン表示の丸いフレームに収まるようにし、カメラアイコンを押して撮影する。

🔍 **Hint**

写真撮影のコツ

　表示されている中心部分が使われるので、アイコンにしたい部分が中心に来るよう意識して撮ってみてください。上手くいかない場合は、もう一度アイコンをタップすれば写真を撮り直せます。

7 撮った写真で良ければ「完了」をタップしてアイコン画像の変更が完了する。撮り直ししたい時は「撮り直し」から何度でも撮影が出来る。

🔍 **Hint**

写真を加工したい時は

　写真を明るくしたい、はっきりとした写りにしたい、といった場合、写真を「加工」することも可能です。手順7の画面で「加工」をタップすると、明るさや彩度、温かみなどを調整できます。お好みの写真になるよう調整してみてくださいね。

01

メルカリをはじめよう

撮影済みの写真から選んで登録する

1 「プロフィールを編集する」から「画像を変更する」をタップし「アルバムからアップロード」を選択する。

2 アルバムが表示されるので、使いたい写真を選んでタップ。その後「完了」をタップしてアイコンが更新される。

⚠ Check

アイコンにしたい写真がない場合

アイコンにしたい写真がなければ手順1の画面で「アイコンを選択」から無料アイコンを選べます。背景がグレーの初期アイコンより、イラストアイコンの方が親しみを感じやすいかもしれません。

🔦 Hint

無料でも工夫次第

なかなか載せたい写真が思いつかなかったり、上手く写真が撮れず悩んでいたりする場合は、無料で写真やイラストをダウンロードすることもできます。また、無料アプリを利用することで、自分の写真をイラストに変換することもできます。色々試しながら、納得のいくアイコンを作成してみてはいかがでしょうか。

01-18

発送元・お届先の情報を設定する

メルカリを使用する上で欠かせない住所登録

発送元、お届け先住所は、メルカリを使用する上で必要不可欠です。個人情報も住所も公開はされません。また、取引を行う際も、匿名配送という名前や住所を知らせることなく取引できるシステムがありますので、安心して利用できます。

住所登録は間違いのないよう確認すること

1 「マイページ」を開いて画面を下にスクロールし、「設定」の「個人情報設定」をタップ。

2 「住所一覧」をタップ。

3 「＋新しい住所を登録する」をタップ。

← 住所一覧　　　　　　編集

⊙

○

⊕ 新しい住所を登録する　　**1** タップ

複数住所を登録できるけれど、1件がベター

　使用用途によっては、複数の住所登録が必要になってくる場合もあると思います。しかし、住所が複数あると取引の際に住所間違いによるトラブルが発生してしまう危険があります。どうしても必要な場合以外は、登録する住所は1件に抑えておく方がよいでしょう。

4 氏名・住所・電話番号を全て入力し、画面下部の「登録する」をタップして完了。

← 住所の登録

1 入力

郵便番号(数字)

例) 1234567

都道府県　　　　　　　選択してください ＞

市区町村

例) 横浜市緑区

番地

例) 青山 1-1-1

建物名 任意

例) 楓ビル 103

電話番号

例) 09012345678

登録する

2 タップ

⚠ Check

住所入力時の注意

　氏名にひらがなやカタカナが入っている場合は、そのまま記入し、読みにカタカナを入れれば大丈夫です。
　また、一軒家の場合、建物名は飛ばして構いません。その際、確認画面が出るので「登録する」をタップしてください。

01-19

支払い方法を設定する

クレジットカードやコンビニなどさまざまな決済方法が選べる

メルカリでは、クレジットカード・携帯キャリア決済・コンビニ・ATM払いなどの決済方法が選べます。購入時に選択することもでますが、事前に設定することをオススメします。手数料がかかる支払い方法もあります。

希望の支払い方法を選択・確認する

1 マイページの「個人情報設定」をタップ。

2 「支払い方法」をタップ。

3 希望の支払い方法を選択。

⚠ Check

クレジット以外の設定・変更は「支払い」から

　ラジボタンを選ぶだけで「設定完了」等のボタンはありません。希望のラジボタンを選択出来ているか確認のみになります。メルカードやチャージ払いの支払い口座の変更はホーム画面の「支払い」からの変更になります。

クレジットカードの削除方法

1 支払い方法の右上「編集」をタップ。

2 ゴミ箱マークをタップ。

3 「削除する」をタップして完了。

チャージ払いの銀行口座の設定方法

1 「支払い」をタップ。

「設定」の「支払い設定」をタップし「次に進む」をタップ。

← お支払い用銀行口座の登録

銀行口座を登録して
チャージ機能を利用しよう!

銀行口座登録の流れ

1. アプリで簡単本人確認

\ 最短1分 /
スピード本人確認
もしくは
本人確認は実施済みです
自撮りで本人確認

1 タップ

次に進む

銀行口座をタップ。

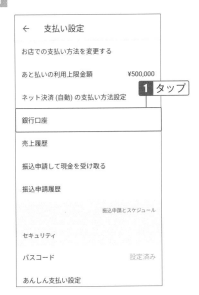

← 支払い設定

お店での支払い方法を変更する

あと払いの利用上限金額　　　　¥500,000

ネット決済(自動)の支払い方法設定

1 タップ

銀行口座

売上履歴

振込申請して現金を受け取る

振込申請履歴

振込申請とスケジュール

セキュリティ

パスコード　　　　　　　　　　設定済み

あんしん支払い設定

「新しい口座を登録する」をタップ。

← 銀行口座管理　　　　　　　　編集

◉ ▬ ▬▬▬▬▬▬▬▬

⊕ 新しい口座を登録する

銀行口座の管理方法 〉

1 タップ

銀行口座をタップ。その後支店/口座番号を用意して各銀行サイトへ進み、登録を完了させる。

← 銀行口座の選択

1 タップ

Q 銀行名で探す

💴 ゆうちょ銀行　　　　　　　　　〉

楽天銀行 楽天銀行　　　　　　　　　　　〉

信用金庫 信用金庫　　　　　　　　　　　〉

MUFG 三菱UFJ銀行　　　　　　　　　〉

🟢 住信SBIネット銀行　　　　　　〉

MIZUHO みずほ銀行　　　　　　　　　　〉

SMBC 三井住友銀行　　　　　　　登録済み

りそな銀行 りそな銀行　　　　　　　　　　〉

⚠ **Check**

銀行口座の変更は右上の編集をタップ

　支払い用銀行口座は1つの銀行につき、1つの口座のみ登録可能です。同一の銀行を登録する場合は一旦削除してからの登録になります。右上の「編集」ボタンをタップし、銀行口座を選択してゴミ箱ボタンをタップして削除になります。

01-20

本人情報を設定する

安全に取引するために、本人情報を設定しよう

メルカリでは、初期設定で最低限の本人情報（住所・氏名・生年月日など）の入力が必要となります。自分の個人情報を入力するなんて心配！という方もいると思いますが、本人情報を設定することで、たくさんのメリットが得られます。安心・安全な取引と、自分の身を守るために設定しましょう。

本人情報を確認・設定する

1 マイページの「設定」にある「個人情報設定」をタップ。

2 「本人情報」の項目をタップすると、現在の登録状況を確認できる。

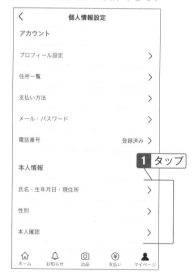

⚠️ **Check**

個人情報設定は最初にするのがベスト

　取引を始めてからの登録も可能ですが「お届け先住所」や「支払い方法」の入力は早いうちに入力し、本人確認書類の登録まで済ませておくことをおすすめします。

⚠️ **Check**

個人情報はバレない？心配だけど大丈夫？

　メルカリでは、常に厳重なセキュリティチェックを行い、登録した個人情報が外部に出ることがないように管理されています。個人情報の登録を行うことで、アプリ内でやりとりする相手とも安心して取引のできる仕組みになっています。必要な取引以外で個人情報が使われたりすることはありません。

本人確認書類は「アプリでかんたん本人確認」で登録

1 マイページ1番上にある「本人確認する」をタップ。

🔍 Hint

本人確認済バッジで信用アップ！

アプリでかんたん本人確認を完了すると、自分のプロフィールに【本人確認済】のバッジが表示されます。このバッジがあることで、メルカリが定める基準を満たしているユーザーと認識され、購入者からも信頼が得られます。

2 「アプリでかんたん本人確認」の「同意して撮影を開始する」をタップ。

3 本人確認書類に使うものを選択してタップ。

📄 Note

本人確認書類とは

本人確認書類の提出は、初めての出品時や、メルペイスマート払い、振り込み申請時のタイミングで必須となります。利用できる本人確認書類は「運転免許証」「マイナンバーカード」「在留カード」「パスポート」など。「学生証」や「マイナンバーの通知カード」は利用できません。

4 選んだ本人確認書類の撮影方法を確認し「同意して撮影を開始する」をタップ。

「アプリでかんたん本人確認」で失敗する場合

　画面の指示に従い、本人確認書類と自分の顔を、一緒に自身のスマホで撮影するだけですが、何度試しても認証されないなどの現象も発生しているようです。認証されない場合は、撮影する角度を変えてみるなどの工夫をしてみましょう。ヘルプセンターから「本人確認が不承認となった場合」で考えられる原因を探し、再度試してみましょう。

＜　　本人確認が不承認となった場合

本人確認が不承認となった場合

本人確認中または審査結果が不承認となっている場合、振込申請・お支払い用銀行口座の登録をおこなうことができません。

本人確認の監査結果が不承認となった場合は、以下をご確認ください。

• **入力された「住所」が本人確認書類と異なる**

ご入力の住所と、ご提出いただいた本人確認書類に記載された住所が一致していない場合は、再度本人確認書類をご提出いただく必要がございます。

再提出時には、書類に表記されている通りの情報を入力してください。

書類の住所が現住所と異なる場合は、こちらをご確認のうえ、補完書類を撮影しご提出ください。

＜　　本人確認が不承認となった場合

• **入力された「氏名」または「生年月日」が本人確認書類と異なる**

ご入力の氏名または生年月日と、ご提出いただいた本人確認書類に記載された氏名又は生年月日が一致していない場合は、再度本人確認書類をご提出いただく必要がございます。

再提出時には、書類に表記されている通りの情報を入力してください。

• **画像が不鮮明なため、本人確認書類の内容が確認できない**

ご提出いただいた画像が不鮮明な場合は、本人確認ができないため、再度本人確認書類をご提出いただく必要がございます。

再提出時には、内容が鮮明に確認できるように画面に収まる範囲で書類を大きく撮影してください。

影や光が映り込まないように撮影をお願いいたします。

自分の写真と確認書類を添付して認証を待つ

　写真を4枚まで添付して問い合わせができます。自分の写真と確認書類を添付して待ちましょう。なお、少し時間が掛かる場合があります。

どうしても本人確認手続きが出来ない場合

　「ヘルプセンター」の「本人確認」に記載してある注意事項を参照して手続きしても完了しない場合、メルカリに直接問い合わせをしてみましょう。解決方法を教えてくれます。

絶対「本人確認」は早いうちに乗り越えて!!

　本人確認済みバッチで信用アップに繋がるだけでなく、本人確認を完了していないと、売上金を受け取れる有効期限が迫り、申請期限ギリギリになってから焦る人や売上金を失ってしまっている人も多いと言われています。「また今度」と放置せずにさっさと完了しておくことをオススメします。

01-21

マイページやお知らせを確認してみよう

取引状況や所有するクーポン、お知らせなどをチェックできる

メルカリの「マイページ」画面には、個人情報の設定やお問い合わせの他にも、役立つ機能がたくさんあります。過去に閲覧した商品や取引状況などを見ることが可能です。所持しているクーポンもマイページで確認できますよ。出品中の商品や、いいね！している商品にコメントがつくとお知らせで確認出来ます。こまめにチェックすることをおすすめします。

商品の取引状況を確認できる

　マイページでは、「出品した商品」や「購入した商品」の取引状況をはじめ、「いいね！・閲覧履歴」や「保存した検索条件」なども確認できます。
　また、お知らせでは、出品した商品に「いいね！」がついた通知などの他に、キャンペーン情報も一覧で見ることができます。定期的にチェックしましょう。

💡 Hint

マイページをフル活用する
　過去に購入を検討していた商品が値下げされていたり、保存した検索条件から欲しい物の出品が増えていたりするので、定期的に見てみることをおすすめします。

お得なクーポン・キャンペーンをチェックする

1 画面下部メニューの「マイページ」をタップし、「クーポン・キャンペーン」の「クーポン」をタップ。

2 利用できるクーポンの一覧が表示される。過去に使用したクーポンを見たい時は、画面右上の「使用履歴」をタップ。

⚠ Check

クーポンには使用期限がある

クーポンは出品してお得になるものと、購入する時にお得になるものがあります。クーポンには使用期限があるため、購入する予定がある時、出品しているものがあれば定期的にチェックしましょう。

お知らせをチェックする

1 ホーム画面の右上にあるベルのマークをタップすると「お知らせ」が見られる。

2 お知らせが表示される。「あなた宛」と「ニュース」をタップして切り替えられる。

⚠ Check

コメントはお知らせから確認出来る

出品している商品や、いいね！をつけて購入を検討している商品に他のユーザーがコメントをすると「お知らせ」から確認出来ます。こまめに確認することで、コメントのチェック漏れを防ぐことが重要です。

01-22

やることリストをチェックしよう

次は何をすればよいの？を解決する「やることリスト」

「商品を購入したのはよいけれど、支払いを忘れていた」「出品した商品への返信を忘れている」などのアクション忘れに役立つのが「やることリスト」です。自分が購入・出品した商品に対し、次に行うべき事をリストに表示してくれます。

「やることリスト」をチェックする

1 ホーム画面の上部右端にある✔マークをタップ。

2 それぞれのリストをタップすると、取引画面に移動する。

⚠ Check

対応するべき件数が表示される

　やることがある場合は、マークにやるべき作業の数が表示されています。特に何も取引やコメントなどがない場合は表示されません。やることがない場合は、マークをタップしても「現在やることリストはありません」と表示されるだけです。

⚠ Check

メッセージの返信はこまめに！

　商品を購入した・された場合に、相手がメッセージをくれたら、一言でよいので返信しましょう。返信を行わないと「やることリスト」に「返信をお願いします」と表示されます。
　ただ「ありがとうございます」や「よろしくお願いします」など、キリがよいときには、必ずしも返信は必要ありません。返信をしなくても、取引が終了すればこの通知は消えますので、安心してください。

いいね！一覧を確認しよう

いいね！管理は実は重要だったりする

自分が欲しいと思って「いいね！」を押した商品の保存先リストと、自分の出品した商品に付いた「いいね！」数の確認方法を解説します。「いいね！」が多い商品は、他の人も購入を検討しているためタイミングを逃さず購入しましょう。

過去に「いいね！」した商品の一覧を見る

1 アプリを起動して下部メニューの「マイページ」をタップし、「いいね！一覧」をタップ。

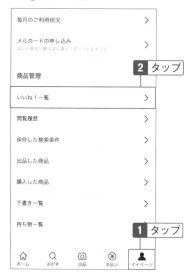

2 過去に自分が「いいね！」したことのある商品が一覧で表示される。

⚠ **Check**

「いいね！」を押していない商品を見るには

　手順1で、画面上部の「閲覧履歴」をタップすると、過去に見た商品の中で「いいね！」を押していないものが表示されます。

出品した商品の「いいね！」を一覧で見る

1 アプリを起動して下部メニューの「マイページ」をタップし、「出品した商品」をタップ。

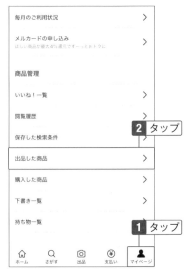

2 出品した商品が、「出品中・取引中・売却済み」のステータスごとに一覧で表示される。タップして切り替え可能。

> **⚠ Check**
>
> **確認できること**
>
> ここでも「いいね！」一覧と同様に「コメント」「閲覧数」の確認が可能です。

> **💡 Hint**
>
> **「いいね！」した商品の人気度がわかる**
>
> 「いいね！」一覧の画面では、商品名と値段の下に「ハート」「ふきだし」「目」のマークが表示されています。ハートは「いいね！」の数、ふきだしはコメントの数、目が商品の閲覧数です。いずれも数が多ければ、それだけ注目している人も多い商品ということになりますので、売り切れには要注意です。

01

メルカリをはじめよう

メルカリで禁止されている行為や出品物

禁止にあたる行為や禁止されている出品物を把握しておこう

メルカリには様々な禁止行為があります。意図して禁止行為を行っているわけではなく、ガイドラインの確認不足で知らないうちに違反してしまっていた…というパターンもあります。そうならないために、ここでしっかり把握しておきましょう。

メルカリのガイドラインを表示する

1 「マイページ」を開き、「ヘルプ」の「ヘルプセンター」をタップ。

2 「ガイド」の「出品・購入方法」をタップ。

3 「注意点」の「ルールとマナー」を
タップ。

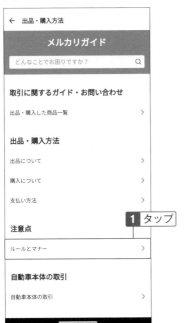

4 「禁止されているもの・こと」をタップ。

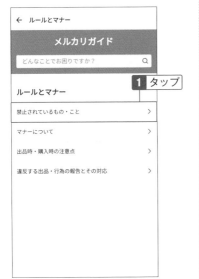

5 「禁止されている行為」もしくは「禁止されている出品物」をタップ。

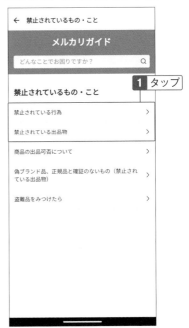

メルカリで禁止されている行為（取引・配送・出品・その他）

　メルカリのガイドラインには、取引や配送、出品などにおいて禁止行為が定められています。かなり細かい規約にはなっていますが、必ず目を通しましょう。

禁止されている行為

メルカリは、誰でも簡単に商品を売ったり買ったりできるフリマサービスです。
多くの方々が安心して安全な取引ができるよう、以下の行為を禁止しています。

これらの行為が確認された場合には、利用制限等の措置を取る場合があります。
利用制限に関する詳細は、アカウントの利用制限をご確認ください。

取引

- メルカリで用意された以外の決済方法を促すこと
- 商品の詳細がわからない取引
- メルカリが用意した取引の流れに沿わない行為

⚠ **Check**

特によく見られる行為

　メルカリ内で特によく見かけられる行為があります。例えば右の図のように、商品説明文に複数商品の販売金額を提示し、その中から購入者が選ぶような仕組みを出品者が作っているケースです。
　また「999万円」の提示など、ほとんどの人が買えないような金額設定にしていたり、逆に安く提示して説明文にバラ売りや複数購入の指示があったりというケースがあります。これらは完全な違反行為なのですが、メルカリ内で当たり前のように蔓延していますので、取引する際には気を付けてください。

どのようなものが違反になりますか？

- 商品としての体裁を成していない出品
  - 複数の価格の異なる商品を掲載し、その中から商品を選択させるもの
  - 商品説明文に記載された販売金額と設定金額に相違があるもの

フィギュアまとめ売り（バラ売り可）
¥9,999,999

商品の説明

大きいフィギュア
★Aタイプ　4500円
★Bタイプ　4500円
★Cタイプ　4000円
★Dタイプ　3500円

小さいフィギュア
★Aタイプ　2000円
★Bタイプ　2000円

メルカリで禁止されている出品物

　禁止出品物も規定があります。こちらもかなり多いので、全てを把握するのは難しいと思いますが、自身が出品するときには念のため違反していないか、目を通すように癖をつけておきましょう。

← **禁止されている出品物**

- 電子チケットや電子クーポン、QRコードなどの電子データ
- ダウンロードコンテンツやデジタルコンテンツなどの電子データ
- 新型コロナウイルスの影響に伴い、取引が禁止されている商品
- 偽ブランド品、正規品と確証のないもの
- 知的財産権を侵害するもの
- 盗品など不正な経路で入手した商品
- 犯罪や違法行為に使用される可能性があるもの
- 殺傷能力があり武器として使用されるもの
- 危険物や安全性に問題があるもの
- 児童ポルノやそれに類似するとみなされるもの
- 18禁、アダルト関連
- 使用済みの下着類
- 使用済みのスクール水着、体操着、学生服類な

⚠ **Check**

ゲームに関する取引の注意点

　ゲーム内でアイテムが獲得できる「シリアルコード」などを販売している出品者との取引には、注意が必要です。ゲーム内通貨やアカウントに付随する電子データを取引することは禁じられていますが、「ダウンロード版ゲームソフト」などは違反にはなりません。もし判断に困ったら、事務局に問い合わせましょう。

盗難品を見つけたら…

　当然のことですが、盗難品や拾ったものを販売することは禁じられています。また購入者側でも盗難品であったことが発覚した場合は、必ず事務局に問い合わせましょう。購入者側には非はありませんが、報告・相談をすることをおすすめします。

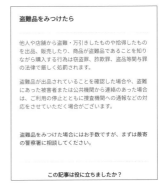

盗難品をみつけたら

他人や店舗から盗難・万引きしたものや拾得したものを出品、販売したり、商品が盗難品であることを知りながら購入する行為は窃盗罪、詐欺罪、盗品等関与罪の法律で厳しく処罰されます。

盗難品が出品されていることを確認した場合や、盗難にあった被害者または公共機関から連絡のあった場合は、ご利用の停止とともに捜査機関への通報などの対応をさせていただく場合がございます。

盗難品をみつけた場合にはお手数ですが、まずは最寄の警察署に相談してください。

この記事は役に立ちましたか？

嫌がらせ・荒らし行為にあったら…

　メルカリでは、嫌がらせをされた場合、通報することができます。販売した商品が購入者の手元に到着した際、こちらの落ち度は全く無いにも関わらず、中身が購入者のイメージと違って低評価をつけられたという例もあります。

　その他にも、コメントに暴言を書かれるなども荒らし行為に入りますので、その際は悩まず事務局に報告しましょう。

1 タップ

2 タップ

意外に知られていないメルカリでの禁止行為

メルカリでは、以下の行為を禁止しています。

①**購入前にコメントをさせる**
②**他のサイトとの同時出品**
③**別々の取引を同梱発送**
④**直接手渡しの強要**
⑤**無在庫販売**

ペナルティによる利用制限は怖い！

メルカリでは、アカウントに利用制限がかかることがあります。利用制限の理由には、「商品名にブランド名の羅列をした」や「出品商品が繰り返し削除されたため」などが挙げられ、事務局が不当な使い方をしていると判断した場合の制限措置です。利用制限中は、出品・購入・コメント・いいね等の行為ができなくなりますが、タイムラインを見ることや進行中の取引への対応を行うことは可能です。

初心者がやってしまう行為としては、「出品するとくじが引ける」キャンペーン時に、売れていない古い商品を削除して再出品を繰り返し、利用制限がかかってしまったという事例があります。

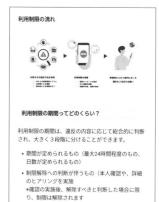

利用制限の流れ

お客さまの投稿内容を分析

利用制限開始

事務局からの取引にあった通知などご利用者に通知

利用制限の期間ってどのくらい？

利用制限の期間は、違反の内容に応じて総合的に判断され、大きく3段階に分けることができます。

- 期間が定められるもの（最大24時間程度のもの、日数が定められるもの）
- 制限解除への判断が伴うもの（本人確認や、詳細のヒアリングを実施
  *確認の実施後、解除すべきと判断した場合に限り、制限は解除されます
- 無期限（アカウントの利用停止）

内容によっては、1度目の違反であっても無期限の利用制限となります。
詳細は後述される「無期限の利用制限とは？」の項目をご確認ください。

利用制限がかかったらどうすればよい？

アカウントに利用制限がかかりますと、出品時・コメント時等にアラート（警告）が表示されるほか、事務局よりお客さまに個別メッセージが送られます。
アプリ、またはWeb版メルカリの「お知らせ＞お知らせタブ内メッセージ一覧＞【事務局から個別メッセー

メルカリでの利用制限には段階があるみたい

利用制限は、3時間から最大24時間程度のもの、1週間など日数が定められるもの、最終的には無期限のアカウント利用停止などがあるようです。回数を重ねるごとに制限される時間も増え、いきなり長期の利用制限から利用停止で強制退会になるパターンもあります。

欲を出して違反行為ギリギリの利用はせずに、ルールをきちんと守って利用するようにしてくださいね。

メルカリのルールとマナー

メルカリには「公式ルール」と「出品者の独自のルール」がある

メルカリでは、公式に掲げられている「公式ルール」と、出品者が掲げている「独自ルール」が存在します。出品者が一方的に独自ルールを押し付けて取引することも多く、トラブルに発展する例が後を絶ちません。怪しいと思ったら取引相手が公式ルールに違反していないか、プロフィールなどを確認してから取引に臨みましょう。

ルールとマナーを知っておこう

　ガイドラインには、メルカリの公式取引ルールが記載されています。誰でも購入できたり出品できたりするサービスなだけに、トラブルに発展することも珍しくはありません。自身が禁止されている行為をしていないか、購入する立場でも出品者が違反などしていないかなど、アンテナを張って取引する必要があります。

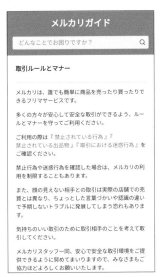

当事者同士のコミュニケーションに注意

　マナーとして特に気をつけたいのが、取引が成立した後の当事者同士のやり取りです。相手側からメッセージで返信を要求されているのに返さない、誰が見てもよくない返事をしているなど、顔が見えない相手だからと適当にコミュニケーションすることは、トラブルや低評価に発展する可能性もあります。ルールだけでなく、あいさつをする、丁寧な言葉遣いを心掛けるといった相手を不快にさせないマナーは当然ありますから、気をつけましょう。

コメント・取引メッセージのマナー

顔の見えない相手との取引は実際の店舗での売買とは異なり、ちょっとした言葉遣いや認識の違いで相手に不快感をあたえたり、予期しないトラブルに発展してしまう恐れもあります。

気持ちのいい取引のために以下の点にご留意ください。

*取引相手との連絡がとれない場合は、以下のガイドをご確認ください。
取引相手と連絡がとれない

1. あいさつをする、返信をする

あいさつをしなければいけないといったルールはありませんが、最初にコメント・取引メッセージをする際にあいさつをすることで、お互い気持ちよく取引を進めることができます。

また、コメントに返信があった場合は、お礼を言うなど放置せずにきちんと対応しましょう。

2. 丁寧な言葉遣いを心がける

メルカリは老若男女、さまざまな国籍のお客さまにご利用いただいております。

プロフィールに記載された「出品者の独自のルール」に注意

　メルカリでは、「プロフィール必読」や「コメントなしでの購入禁止」など、出品者がいわゆる「自分だけのルール」を掲げている事が非常に多くあります。例え独自ルールが何であっても、一切メルカリは関与しておらず、自己責任となるため注意が必要です。

　なお出品者側が「ルールの強制」を購入者に促すことはできません。十分に気を付けて取引しましょう。

← 取り置き・専用出品・価格交渉・独自ルール

取引に関するルール（独自ルール）

メルカリには、最初に購入手続きをした方と取引を進めていただくルールがあります。

以下のようなお客さま独自のルールを理由に、「取引を放棄すること・キャンセルを求めること」はメルカリが定める迷惑行為に該当するため、お控えください。
*「約束していたのに違う人に購入されてしまった」等の理由で取引をキャンセルすることはできません

- 「コメント必須」や「プロフィール必読」を理由に取引拒否をすること
- 「専用出品」や「先にコメントした方との取引を優先したい」などを理由に取引拒否をすること
- キャンセル料や迷惑料を請求すること

コメントにて「取り置き・専用出品・商品価格の値下げ」をお約束していた際、想定されていない方から購入された場合でも、そのまま取引を進めていただきますようお願いいたします。

《購入者の方へ》
上記を理由に出品者が取引を進行しない際は、本ガイドをご参照いただき商品を発送していただくようお伝えください。

取り置き・専用出品

商品をすぐに購入できない場合、購入希望者から商品の取り置きや専用出品の相談をされることがあります。

独自ルールを強制している出品者には注意が必要

　出品者が掲げる独自ルールをどう思うのか、人によって違いがあります。独自ルールを採用している出品者の意思に反したことで、取引後に悪い評価をつけられたりする事例もたくさんあります。自身を守る上でも、「どういった取引相手なのか」ということを把握し、安全に取引することを心がけてください。

好みに合う商品を探して
お得に購入しよう

まずは欲しいものを検索して購入してみましょう。気になる商品も保存機能を活用すると、新着情報の通知を受け取ることができたり、検索方法も使いやすく自分流にカスタマイズできます。キャンペーンを活用したり、クーポンをゲットしてお得に購入したり、商品検索やお問い合わせ、希望価格登録をして値段交渉からの購入前の商品チェックの重要なポイントについてなど、取引完了までの一連の流れを解説します。ぜひ良い物と出逢えますように。

02-01

自分の要望にあった商品を検索機能で見つけよう

キーワードを使って商品を簡単検索 表示方法も変更可能

メルカリで商品を購入する際、例えば「このブランドの洋服が欲しい」なら、ブランド名・洋服といった複数のキーワードを用いて検索できます。さらに予算に応じて送料込みの値段で検索する事もできるので、送料が付くと予算金額オーバーということが無くなり、妥協せず買い物を楽しめます。

カテゴリーを使って検索する

1 画面の上部にある検索の入力欄をタップすると、検索画面が表示されるので、「カテゴリーからさがす」をタップ。

2 カテゴリーの分類が表示されるので、探したいカテゴリーをタップ。

⚠ Check

カテゴリー検索で細かく分類

カテゴリーから検索する事で、洋服なら種類・子供服ならサイズ等、検索したい商品を細かく分類して表示してくれます。

3 さらに細かいカテゴリーが表示されるので、探したいものをタップ。

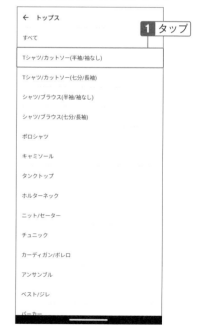

4 検索結果が表示される。

ブランド名で検索する

1 画面の上部にある検索の入力欄をタップすると、検索画面が表示されるので、「ブランドからさがす」をタップ。

2 ブランド名を入力し、「検索する」をタップ。

⚠ Check

一覧からメーカー名を選ぶ

五十音順に並んでいるので、そこからメーカー名を選んで検索できます。

← ブランド	クリア
Q 探す	
☐ アーウィン IRWIN	
☐ アーヴェヴェ a.v.v	
☐ アーエーゲー AEG	
☐ アーエムピーバイメニードープ AMP by manydope	
☐ アーカー AHKAH	
☐ アーカーゲー AKG	
☐ アーカーテック ArkarTech	
☐ アーカーブラン ahkahblanc	
☐ アーカーヴィヴィアンクチュール AHKAH vivian couture	
☐ アーカイバ ARCHIVER	
☐ アーカイブ Archive	
☐ アーガイルアンドビュート ARGYLL AND BUTE	
☐ アーカイブブック アーカイブブック	
検索する	

検索画面からキーワード入力して検索する

1 画面の上部にある検索の入力欄を
タップする。続いてキーワードを入
力し、「検索」をタップ。

Hint

キーワードをうまく使って検索しよう

ネットサーフィンする際と同じ様に、キー
ワードを入力して検索できます。複数のキー
ワードを入力する事で、求めている商品に近い
物を検索してくれるので便利です。

Check

複数のキーワードを入力する場合

複数のキーワードを入力する場合は、半角ス
ペースで区切ります。

価格を指定して検索する

1 商品を検索した際、画面右上にある
「絞り込み」をタップ。

2 詳細がでてくるので、「価格」の「最
小価格」をタップ。

3 「最小価格」と「最大価格」に予算を入力し、「検索する」をタップ。

1 入力

2 タップ

Hint

予算に合った商品を絞り込める
価格を指定する事で、欲しい物と価格にマッチした商品だけを閲覧できるので便利です。

送料込みの商品で検索する

1 商品を検索し、画面右上にある「絞り込み」をタップ。

1 タップ

2 表示された画面で「配送料の負担」をタップ。

1 タップ

3 「送料込み」を選択して「決定する」をタップ。

1 タップ

2 タップ

メルカリのやりとりで住所がバレる!?

フリマアプリを使用し購入した際、取引が進むと、購入者と出品者のお互いの住所、氏名が取引画面に表示されてしまいます。無いとは思いますが、万が一悪用されてしまったら怖いですよね。でも安心してください。メルカリにはそんな人の為に「メルカリ便」という匿名配送サービスがあります。

これは出品者側が商品を出品する際、メルカリ便を選択している事が条件となりますので、購入者側は配送オプションから「匿名配送」にチェックを入れて検索すると、匿名配送で商品を購入する事ができます。

欲しい商品が匿名配送でない場合は、出品者にコメントで、匿名配送に変更可能かどうか質問する事もおすすめです。

💡 Hint

購入時に予算オーバーに気付くことを避けられる

「送料込み (出品者負担)」にチェックを入れる事で、購入に進んだ際、送料で予算オーバーという事が防げるので便利な項目です。

02-02

目的にあった商品だけを表示して選択肢を絞る

便利な機能で商品を絞る

検索する際、「いいなと思った商品がよく見ると売り切れになっていた」「新品を購入したいのに中古も同時に検索されてしまって閲覧しづらい」と感じる方もいるのではないでしょうか。メルカリには、表示して欲しい商品の状況や状態を記入することで、簡単に絞り込める便利な機能があります。

販売している新品だけを表示する

1 商品を検索し、「絞り込み」をタップ。

2 「商品の状態」をタップ。

🔍 Hint

売り切れを表示させない

　手順1の画面で、左上の「販売中のみ表示」にチェックを入れると、販売中のものだけの表示になります。売り切れの商品は表示されないので、スムーズに絞り込みをする事ができます。販売状況の変更は、絞り込み一覧からでもできます。

3 「新品・未使用」にチェックを入れて
「決定する」をタップ。

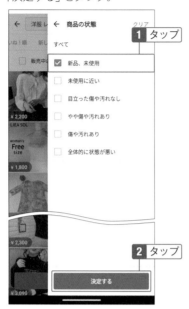

5 絞り込まれた状態の表示になる。

4 絞り込みたい項目が追加された一覧
になるので、「検索する」をタップ。

02-03

検索結果やいいね！を保存して再検索を楽に

保存機能で後日も簡単検索

以前検索した商品を再度閲覧したくなった場合、検索ワードを忘れてしまうと、閲覧したい商品を見つけ出す事が難しくなります。ここで紹介する保存機能を使用することで、迷わずスムーズに閲覧できるので、是非活用してください。

検索条件を保存する

1 ホーム画面の「検索窓」をタップし、「キーワードから探す」に検索したいキーワードを入力。

2 検索結果が表示されたら、画面下部の「この検索条件を保存する」をタップ。

1 タップ

💡Hint

検索条件で絞り込む手間が省ける

検索条件を保存する事で、後日アプリを開いて検索する際、再度カテゴリーを選ぶ手間が省けるので、効率よく買い物を楽しめます。

1 商品の画面でハートマークをタップすると赤く色づき、いいね！が保存される。

3 「いいね！」をした商品の一覧が表示される。

2 画面下部のメニューからマイページを開いて、「いいね！一覧」をタップ。

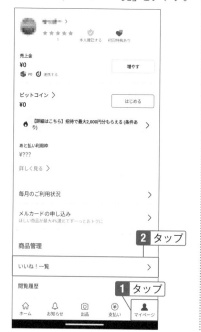

⚠ Check

「いいね！」を消去する

付けた「いいね！」を消去する際は、いいね！一覧の右上にある「編集」をタップし、ごみ箱のマークをタップします。

保存した検索条件を消去する

1 ホーム画面の「検索窓」をタップすると、保存した検索条件と検索履歴が表示される。

1 タップ

⚠ Check

保存条件のためこみには注意

　複数のワードを組み合わせて検索しては保存…という作業を繰り返していくうちに、気が付いたら検索条件が増えすぎて使いづらくなってしまうことも。削除機能をこまめに利用しましょう。

2 「保存した検索条件」で消去したい条件の右側「…」をタップし、「削除」をタップ。

1 タップ

2 タップ

02

好みに合う商品を探してお得に購入しよう

保存した検索履歴を消去する

1 「検索履歴」で消去したい履歴の右側にある「…」をタップし、「削除」をタップ。

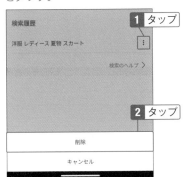

1 タップ

2 タップ

💡 Hint

新着通知の設定

　「保存した検索条件」ごとに、プッシュ通知とメール通知を設定できます。メールでは通知の頻度を選択でき、条件に合う商品を急ぎ探している場合に便利です。

02-04

見落とさないで！
出品者の評価と商品の状態を確認しよう

良い評価の出品者から商品を購入

ネットショッピングでは、商品を直接手に取ることができません。「その商品が新品なのか中古なのか？」「中古であれば状態はどうなのか」「出品者は信用できる人なのか」等はとても気になるポイントです。出品者の評価や商品の状態確認をしましょう。

商品を拡大してよく確認する

1 商品の画像をタップ。

【新品未使用】アーバンリサーチロッソ　ウエス

2 写真をピンチアウト（写真を広げるように2本の指を拡げていく）。

1 ピンチアウト

3 画像が拡大される。

🔍 Hint

画像を縮小する

　ピンチイン（画像を狭めるように2本の指を近づける）すると、画像を縮小できます。ピンチアウトとピンチインをうまく使って、どんな装飾なのか生地なのか等確認しましょう。

商品の説明と状態を確認する

1 商品画面を下にスクロール。

2 商品の説明が表示される。

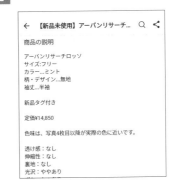

02

好みに合う商品を探してお得に購入しよう

⚠ Check

説明をきちんと確認しよう

商品の説明には、写真だけではわからない詳しい内容が記載されているので、自分の求めている商品かどうか判断する材料になります。

他のユーザーのコメントを閲覧する

1 商品を選択し、「コメント」をタップ。

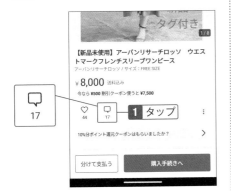

2 他のユーザーのコメントが表示される。

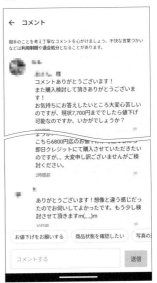

⚠ Check

コメントは確認した方がいい

コメントがある場合、閲覧することで購入検討している人を把握できたり、値下げのお得な情報を手に入れる事ができたりするので、事前確認をおすすめします。

発送についての情報を閲覧する

1 商品の情報を表示して、下の方にある「発送元の地域」や「発送までの日数」を確認する。

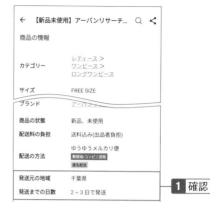

1 確認

💡 Hint

商品到着日の目安がわかる

発送元の地域を確認する事で、発送から何日程度で届くか確認できるので便利です。

出品者のプロフィールを閲覧する

1 商品を選択し、画面を下にスクロールすると出品者が表示されているので、出品者名をタップ。

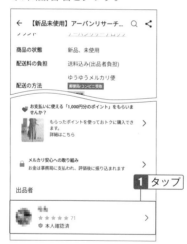

2 出品者のプロフィールが表示される。

⚠ Check

プロフィールは確認必須事項

プロフィールには、出品者の掲げる「独自ルール」が記載されていることがあります。商品の保管状況や画像の加工等の詳細、値引きや購入時のお願いについて確認が必要なこともあるので要チェックです。

💡 Hint

バッジは購入者の安心材料

プロフィール内に星のマークで表示される出品者バッジは、メルカリが定める一定の基準を満たすユーザーにのみ適用されます。過去の取引での出品者の評価や、発送時間・コメント返信にかかった時間などの目安として活用できます。

出品者バッジには以下の3つの種類があります。

- 高評価バッジ
- 24時間以内発送バッジ
- 12時間以内返信バッジ

02-05

気になった商品についての疑問を問い合わせる

在庫・サイズ等の疑問は問い合わせで解決

欲しい商品について、「在庫はまだあるのか？」「サイズがわからない」等、疑問や困った事が生じる場合もあると思います。その際は、コメント欄を使って、出品者に問い合わせを行ってみましょう。劣化箇所や使用頻度や保存状態を聞く人も。購入前にしっかりと解決して失敗の買物にならないようにしましょう。

テンプレートを使用して質問をする

1 質問したい商品の画面下にある、吹き出しマークの「コメント」をタップ。

2 コメント記入欄の上にあるテンプレートから、当てはまるものをタップ。当てはまる文がなければ、下にある入力欄に質問を入力して「送信」をタップ。

💡 Hint

入力の手間が省ける

テンプレートを活用すると、入力の手間が省けとても便利です。

メルカリアプリからの通知をオンにする

1 マイページの「お知らせ・機能設定」
をタップ。

2 通知をもらいたい項目をオンにす
る。

iPhoneの設定アプリで通知をオンにする

1 iPhoneの設定アプリで「通知」を
タップ。

2 「メルカリ」をタップ。

⚠ Check

スムーズなやりとりのために、通知をオンにしておこう

　出品者に問い合わせをし、相手から返答があった際にすぐに気がつけるよう、メルカリからの通知をオンにしておきましょう。スマートフォンの設定アプリから行います。

3 「通知を許可」をタップしてオンにする、緑色がついているのがオンの状態。

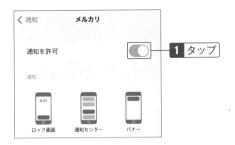

1 タップ

Androidの設定アプリで通知をオンにする

1 Androidの設定アプリで「アプリ」をタップ。

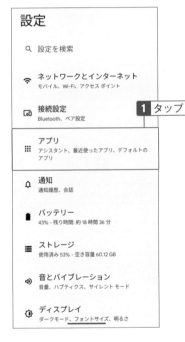

1 タップ

2 「アプリ情報」でメルカリの「通知」をタップ。

1 タップ

3 「メルカリのすべての通知」をタップしてオンにする、緑色がついているのがオンの状態。

1 タップ

02-06

コメント機能を使用して
値段交渉をしてみよう

過去の質問を見ておくと値段交渉がうまくいくかも

「気に入った商品はあるけれど、予算より100円高い。もう少し安くならないかな？」などと思ったら、コメント機能を活用してみてください。まとめ購入は、値引きをしてもらえる場合もあります。出品者は、無理な値引き交渉に応じることが難しい場合が多いので、過去のコメントでのやり取りも参考にして交渉を進めてみましょう。

値引き交渉をコメントに書き込む

1 「コメント」をタップ。

2 コメント欄に値下げを依頼する文を入力し、「送信」をタップ。

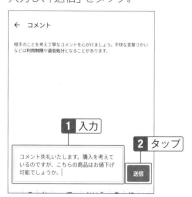

💡 Hint

値段交渉のススメ

　まとめて購入すると、割引をしてもらえる場合があります。また、過去に他のユーザーが購入を検討しており、その際値下げ交渉が成立していても最終的に購入に至らなかった商品だと、値下げしてくれる可能性があります。その際の質問は、「お値下げが可能でしたら、おいくら程可能でしょうか？」のように1回の質問でまとめるとやりとりがスムーズに行えます。

💡 Hint

自動で入力する

　文章が浮かばない場合は「お値下げをお願いする」をタップすると、自動でフォーマットが入力されます。購入したい意思や値引きを依頼する理由を、具体的な質問も合わせて書くことで、値下げをしてくれる可能性が高まります。

希望価格登録で値下げ通知機能を活用する

1 気になる商品のハートマークをタップし、「いいね！」をつける。

3 商品右側のプラスマーク「希望価格」をタップ。

2 画面下部のメニューからマイページを開いて、「いいね！一覧」をタップ。

4 希望価格を選択し「希望価格を登録する」をタップ。

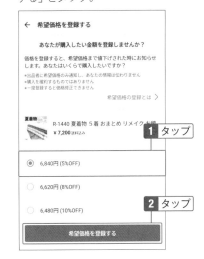

💡 Hint

「この金額なら欲しい」という商品と出会ったら利用しよう

　希望価格の登録後、出品者には希望価格のみが伝えられるため、登録したユーザーのプライバシーは守られます。コメント機能を使って値段交渉をする事が苦手という方にも、おすすめです。

02-07

購入前の最終商品チェック

この商品でOK？最終確認してから購入手続きへ進もう

購入を決めた商品は、本当に予算内ですか？新品・未使用の他、傷などの保管状態で気になる点はありませんか？商品の状態評価には個人差があるため、写真や説明文で充分な確認ができなかった場合には、コメントで質問することが必須です。予算オーバーや商品到着時にガッカリしないためにも、購入前に最終確認を行いましょう。

商品情報を漏れなくチェック

1 商品画面を下にスクロール。

2 商品の説明や情報から、サイズ・商品の状態や配送料について再確認する。

⚠ Check

キャンセルは基本ナシで！気になる点を購入前に再チェック

届いた商品が説明文と違うもしくは壊れている場合を除き、基本的には取引キャンセルができません。洋服であれば、サイズ・素材やポケットの有無等の仕様に関して。日用品であれば、傷などの使用感や購入時期、箱・説明書の有無など。知りたい情報は、事前に出品者へ質問してから購入するのがベストです。

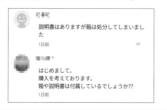

⚠ Check

大型商品の購入時には注意！

「安い！」と思って飛びついてみると、「着払い（購入者負担）」となっていることがほとんどです。出品者に配送料を聞いてみても「届けてみないと分からない」と言われるケースもあります。ビックリ！と結果、高い買い物になってしまうことのないように注意しましょう。

02-08

支払い方法の違いを知って、さらにお得な買い物をしよう

クーポン利用やポイントを合わせるとお得

「予算内におさまってお得な買い物をした！」そこで終わっていませんか？支払いの選択次第で手数料の金額が変わってきます。毎回支払いに行く手間が省けるだけでなく、ポイントが付いたり、ポイントを活用して実質値引きで買えたりとお得な支払い方につながります。支払い方法の種類や、実質お得に購入できる方法を知っておくととても便利ですので、ぜひ活用してください。

02

好みに合う商品を探してお得に購入しよう

支払い方法の登録・変更方法

1 購入手続き画面で「支払い方法」をタップ。

2 希望する支払い方法をタップし、購入手続き画面へ戻る。

1 商品画面で「分けて支払う」をタップ。

2 画面をスクロールして、利用規約や同意事項を確認。

3 確認後に画面下部のチェックボックスをタップし、さらに「利用目的を確認して申し込む」をタップ。

📄 Note

月に1度まとめてお支払いの「メルペイスマート払い」

「メルペイスマート払い」とは、今月購入した商品の代金をまとめて翌日に支払いできるサービスです。さらにオプションで、月々にわけて支払い可能な「定額払い」も選択できます。購入する度に残高を気にする事も、毎回手数料を払ってチャージする手間もなくスムーズに購入できる支払い方法です。メルペイやメルペイスマート払いについては、Chapter04でも解説しています。

おすすめキャンペーンをチェックする

1 「お知らせ」のおすすめキャンペーン
をタップ。

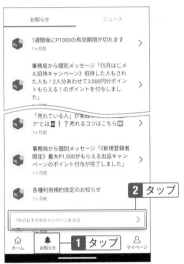

2 気になるキャンペーンを選択。

3 「エントリーする」をタップ。

02

🖋 Hint

実質値引きになるキャンペーンの活用

メルペイ（ポイント）は銀行やコンビニから
もチャージできますが、企画に参加して手に入
れたポイントで支払う事もできます。「○○初
めてキャンペーン」もよく開催されています。
キャンペーンは、事前にエントリーが必要な場
合がほとんどです。

好みに合う商品を探してお得に購入しよう

クーポン利用やプログラム参加でメルペイ（ポイント）を賢く貯める

お店を利用すると、翌日にポイント付与で還元されるクーポンがあります。日頃からポイントを貯めておくのも、お得に購入できる方法です。

よく活用されるものとして、「友達招待プログラム」があります。招待コードをFacebookやLINE、X（旧Twitter）等で投稿し、SNSでシェアする事ができます。

「マイページ」からお得な設定をしよう

メルカリとdアカウントとの連携により、dポイントを商品購入時に利用可能となります。さらに、お得な情報は「マイページ」内下部の「クーポン・キャンペーン」からも確認できます。

購入時の配送先を登録しておこう

どこで受け取る？配送設定を確認して購入する

商品は、画面の一番下に表示される「購入手続きへ」から購入する事ができます。購入する為には、送り先の住所登録と支払い方法の設定が必要です。購入時にも選択できますが、タッチの差でほかの人が購入してしまい、購入できない場合もよくあります。気に入った商品は、すぐにでも購入手続きを完了することをおすすめします。

購入時に配送先を確認する

1 商品画面で「購入手続きへ」をタップ。

2 購入手続き画面で、「支払い方法」と「配送先」を確認して「購入する」をタップすると、購入が完了する。

💡 **Hint**

事前の配送先設定は「マイページ」の「個人情報設定」から

「マイページ」の「個人情報設定」から、配送先を事前に登録しておく事ができます。事前に登録しておくと、とてもスムーズに買い物ができます。お届け先住所の設定方法はSECTION 01-18、支払い方法の設定方法はSECTION 01-19で確認してください。

配送先の追加登録・変更方法

1 商品画面で「配送先」をタップ。

2 住所一覧の下部にあるプラスマーク「新しい住所を登録する」をタップ。

⚠ Check

住所が複数ある場合

登録住所が複数ある場合のみ、住所一覧右の「編集」をタップしてからゴミ箱アイコンをタップして登録住所を削除できます。

3 配送して欲しい送り先の名称（フリガナも）と住所を入力していく。入力が済んだら、一番下の「登録する」をタップして登録完了。

```
←  住所の登録                    1 入力

姓(全角)
例) 山田
                                      0/15
名(全角)
例) 彩
                                      0/15
姓カナ(全角)
例) ヤマダ
                                      0/35

建物名 任意
例) 柳ビル 103
電話番号
例) 09012345678        2 タップ

            登録する
```

⚠ Check

ゆうゆうメルカリ便の商品のみ自宅・勤務先以外での受け取りが可能

出品時に発送方法がゆうゆうメルカリ便となっている商品のみ、郵便局もしくはコンビニでの受け取りが可能です。受け取りたい場所をリストから選んで設定しましょう。

```
受取場所選択TOP

現在地取得(GPS)

住所リストから選択                    ❯

駅リストから選択                      ❯

キーワードから検索
 駅 / 住所 / 〒              検索

受取場所の絞り込み  受取場所を絞り込みます
 ☑ 郵便局
 ☑ はこぽす（受取ロッカー）
 ☑ ローソン
 ☑ ミニストップ
```

02-10

購入後に出品者と連絡をとる

気持ちの良い取引をする為に

購入後、取引画面で出品者へ連絡をとる事ができます。「購入させていただきました。よろしくお願いします。」のようにワンクッション入れる事で、お互いに気持ちの良い取引ができますので、是非活用してください。

取引画面から直接出品者にメッセージを送る

1 「取引画面へ」をタップ。

2 メッセージ覧に入力し、「取引メッセージを送る」をタップ。

⚠ Check

スムーズな取引のポイントは礼儀

「購入した客」という態度をとる人もいるようですが、お互いにスムーズかつ気持ちの良い取引をするには、購入側も礼儀正しく対応することが大切です。「購入させてもらった」という気持ちもかねて、「短い間にはなりますが、どうぞよろしく」などと、一言出品者にメッセージを入れておくのも大切です。

購入報告や支払い・発送のお礼があると好印象！

　購入後のメッセージ送付は必須ではありませんが、取引メッセージにてコミュニケーションをとることをおすすめします。出品者のメッセージ下部分に表示されるスタンプボタンを押せば気軽に返事ができ、「支払い予定を伝える」や「発送のお礼」などのテンプレートも活用できます。

「取引メッセージ」で出品者にメッセージを送る

1 「取引画面へ」をタップ。

2 画面下部の「何かわからないことがあれば質問してみましょう。」をタップ。

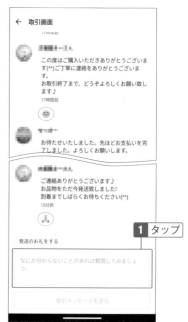

3 質問したい内容を入力し、「取引メッセージを送る」をタップ。

⚠ Check

取引評価するときは注意！
中身をしっかり確認

　商品が届くと、相手を評価して取引完了になります。もし、届いた商品に問題があれば取引メッセージから問題点を報告してください。取引が完了してしまうと、事務局でのサポートが困難になってしまう場合もあるので注意が必要です。

⚠ Check

「やることリスト」をチェックしておく
だけで安心！

　初心者のうちは、取引に関して「これでいいの？」と不安になることもありますよね。購入後も出品後もホーム画面右上に表示される「やることリスト」で随時、した方がいいことを知らせてくれるので、「やることリスト」にチェックがあった時に対応すれば大丈夫です。

02

好みに合う商品を探してお得に購入しよう

出品者を評価しよう

評価完了しないと出品者を困らせる原因に

商品到着後、問題がなければ出品者の評価をしてください。メルカリはトラブル防止の為、購入者が受け取り評価を完了しなければ、出品者に売上金が入金されない仕組みになっていますので、忘れないよう評価をしましょう。

良かった・残念だったの二段階！評価の方法

1 メニューの「マイページ」をタップし、「購入した商品」をタップ。

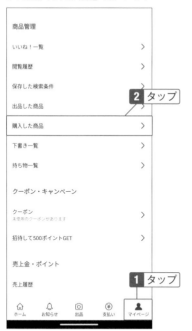

2 評価する商品名をタップ。

⚠ Check

取引評価は慎重に！しっかり検品しよう

出品者側のミスで商品の些細な傷や汚れを出品者が見落としていた場合や、発送中に破損した可能性のある場合には、落ち着いて対応する必要があります。取引評価は行わずに、まずは到着した商品の状態を出品者へ伝え、取引を成立させるか返品を行うかを話し合いましょう。また、メルカリ便利用の際の配送事故などは、商品の状態が確認できる画像を添付してメルカリ事務局へ問い合わせましょう。

3 「商品の中身を確認しました」に
チェックを入れ、「良かった・残念
だった」のいずれかを選択。その後
評価コメントに、評価の根拠や取引
のお礼を入力して「評価を投稿す
る」をタップ。

評価が公開されるタイミング

　評価は、取引完了後にマイページのユー
ザー名の下にある星マークをタップすると、閲
覧する事ができます。

02-12

購入履歴を管理する

購入履歴を活用すれば再購入も簡単に

「以前に購入した商品を、もう一度購入したい」という場合もあります。そんな時は、「購入履歴」からこれまでに購入した商品の一覧より確認できるので、再購入も簡単に行なえます。またお気に入りの出展者のフォローでお得な特典を得られる場合もあります。

購入した商品を閲覧する

1 メニューの「マイページ」をタップし、「購入した商品」をタップ。

2 「取引中の商品」をタップしてチェックを入れる。

3 過去に取引をした商品と分けて表示される。

> **⚠ Check**
>
> **購入履歴の消去はできない**
>
> 　過去に購入した商品が多くなりすぎると、見づらいと感じる人もいるかと思いますが、残念ながら出品者のみしか商品の消去はできなくなっています。

02-13

お気に入りの出品者をフォローして情報を素早くキャッチ

フォローのメリットとは？

フォロー機能を使用すると、フォローした出品者の新着出品の通知がきますので、すぐに閲覧しに行けます。商品購入前にフォローをすると、優先して値引きしてくれる出品者もいるので、ぜひプロフィールをチェックしてみましょう。

出品者をフォローする

1 気になる商品をタップ。

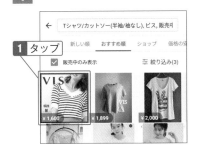

2 画面を下にスクロールしていき、出品者をタップ。

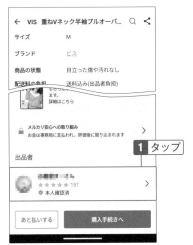

Hint

自分好みの出品者がみつかりやすくなる

　フォローをした出品者のフォロー・フォロワーが閲覧できるようになるので、そこでまた新たにお気に入りの出品者が見つかる事もあります。

3「＋フォロー」をタップ。

105

4 「✓フォロー中」に変更される。

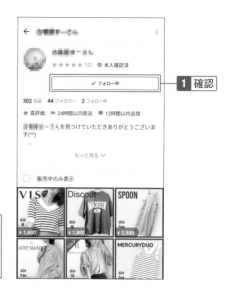

1 確認

> ⚠️ **Check**
>
> **フォローを解除する**
>
> フォローを解除したいときは、手順3の画面で逆に「✓フォロー中」をタップすることで削除されます。

マイページからフォローを解除する

1 マイページを表示し、画面左上のプロフィールアイコンをタップ。

2 タップ

1 タップ

2 「フォロー中」をタップすると、一覧が表示される。

1 タップ

3 フォローしている人の一覧が表示されるので、「✓フォロー中」をタップするとフォロー解除できる。

1 タップ

準備や設定を行って
出品しよう

メルカリでは「こんな物も売れるの?」と思うものまで出品され、リサイクルショップでは到底買取ってもらえないどころか引取代を取られそうな物までもが売れます。ただ、「なかなか売れない」と悩んだり、トラブルに巻き込まれてしまう人もいるようです。出来るだけ高値でスムーズに購入してももらえる取引のポイントは写真の撮り方や文章の書き方など出品から始まります。しっかりとコツを掴んでガンガンと出品して稼いでいきましょう。

何から始めたら良い？
始める前に知っておきたい出品のポイント

大切なのは漏れのないチェックと誠実な対応！

出品はハードルが高いと感じていませんか？慣れてしまえば難しいことはありません。ただ、事前に商品のチェックや用意するべき物は、しっかり準備しておきましょう。また、出品した商品への問い合わせは、今後の評価に繋がる大切なやり取りです。迅速、丁寧な対応を心がけましょう。

しっかり押さえて！商品をチェックするポイント

●傷、汚れ

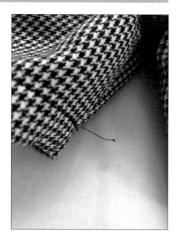

　出品する商品の傷や汚れは、しっかりとチェックしましょう。衣服であれば、糸のほつれや穴も忘れずに。箱付きの品であれば、箱の凹みやシール跡などもしっかり確認しましょう。

 Hint

事前に商品の質を上げておこう

　ふき取りや洗濯でとれるシミや汚れは事前にきれいにしておきましょう。特に布製品は、洗濯でとれるシミや汚れが多いですよ。毛玉なども丁寧に取り除けば、売り上げアップに繋がります。

●ポケットの中

　案外忘れがちなのが、衣類のポケットの中。なにも入っていないか、出品前に中を確認してみましょう。物は入っていないけど、ほこりがぎっしり、なんてことが無いよう注意してくださいね。

Hint

ポケットの中を掃除するコツ

　ポケットの掃除は案外簡単。ほこりはガムテープで簡単に取り除けます。少しの手間をかけて、購入者に不快感を与えないよう注意しましょう。

購入検討者からの問い合わせには、迅速丁寧な対応が大事！

　商品への問い合わせには、迅速丁寧に返信しましょう。その問い合わせがたとえ値下げ交渉だったとしても、購入に結び付くかもしれない大切な問い合わせです。失礼のない言葉遣いで、できるだけ早く返信するようにしましょう。

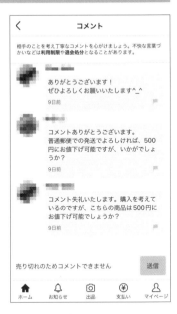

⚠ Check

誠意ある対応が重要！
　相手にとって誠意のある対応が好印象を与えます。どんな文章を送れば良いか悩んだときは、用途に合ったメッセージのテンプレートを使うのもおすすめですよ。

説明不足の箇所に問い合わせが入ることも

　商品への問い合わせが入る部分は、説明文への記載漏れや、説明が不十分な可能性があります。もし問い合わせが入ったら、商品のどの部分についてか確認してみましょう。問い合わせの内容が商品の説明文に書いていない場合は、追記すると親切ですよ。

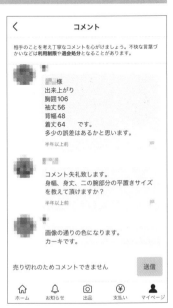

💡 Hint

コメント削除機能を活用
　メルカリは、購入検討者がコメントした商品に別のユーザーがコメントをすると、通知が来ます。そのため、コメントのやり取りのみで取引成立しなかったユーザーのコメントを削除して通知が届かないよう気遣う方法があります。思いやりがあるコメント削除は好印象に繋がりますよ。

03-02

売り上げに繋がる採寸のポイント

購入者が気になるポイントをしっかり発見する

同じサイズ表記でも、着心地が異なると感じた経験はありませんか？メーカーによって、サイズが異なる場合があります。商品説明文に採寸したサイズが記載されていると、購入検討者に丁寧でわかりやすい印象を与え、売り上げアップに繋がりますよ。

どう測る？何が必要？衣類の種類別採寸方法

衣類を平らな場所に広げ、必要な部分を採寸します。メモを取りながら進めると、スムーズな採寸ができますよ。「丈がかなり短い！」といったクレームの元にならないよう、正確な採寸を心掛けましょう。

▲ https://www.mercari.com/jp/help_center/article/524/

📖 **Note**

メルカリでよく聞く「置き寸」とは？

メルカリの商品説明文で「置き寸」という言葉を書いているユーザーがいます。「置き寸」とは、平らな場所に商品を置いて、出品者が自分で採寸した数値を記載している「平置きサイズ」のこと。覚えておくと出品・購入共にスムーズになります。

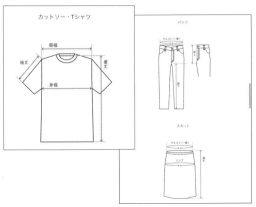

▲ https://www.mercari.com/jp/help_center/article/524/

靴やバッグはどう測る？小物の採寸方法

　靴や帽子はサイズ表記がありますが、メーカーによって若干サイズが異なる場合があります。例えば、日本製と海外製では同じ「Mサイズ」でも身に付けるとサイズ感が違うことも。実際に採寸したサイズを商品説明文に記載すると、非常に丁寧で購入にも繋がりやすくなります。

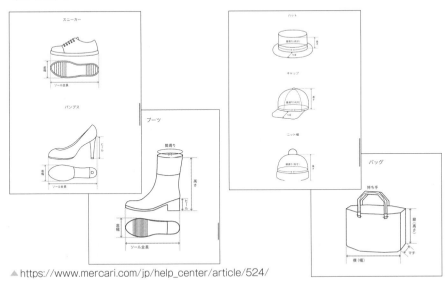

▲ https://www.mercari.com/jp/help_center/article/524/

💡 Hint

実際に着用したときの情報を入れよう
　衣類や小物は、販売する前に一度着用したことがあれば、感想を商品説明文に入れると安心して購入してもらえますよ。

出品前の採寸・検品にはこれが便利！用意しておくもの

メルカリに出品する前に、採寸や検品を必ず行います。商品の採寸には、メジャーがあると正確に採寸ができます。また、衣類や布製品に付着しているほこりやゴミはガムテープで取り除けますよ。毛玉取り器も重宝します。すべて100円ショップに売っているので、揃えやすいのも◎。

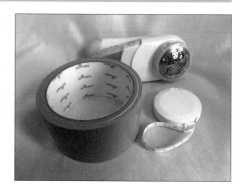

💡 Hint

サイズを比較しやすい身近なものと写真を撮るテクニック

ぬいぐるみや玩具といった商品も、サイズを測って商品説明文に記載します。大きさのイメージがわかりにくい商品は、どの家庭にもある身近なもの（箱ティッシュやペットボトル等）と一緒に写真を撮ると伝わりやすく親切です。

03-03

小さく軽く、開けたときに見た目の いい印象に繋がる節約梱包テクニック

大事なのは節約＆低評価無しの梱包！

出品に慣れるまでは、どのように商品を梱包したら良いか頭を悩ませることも。ここでは、節約しつつ便利に使える梱包グッズや、クレームにならない梱包のコツをご紹介します。購入者が商品を確認するとき、梱包の丁寧さによって印象が変わります。低評価にならない、相手に誠実さが伝わる梱包を心掛けましょう。

商品を丁寧に梱包し、開封したときの印象をより良くしよう

商品は、梱包せず箱詰めするよりも、ビニール袋などで梱包すると丁寧な印象を与えやすくなります。綺麗な状態であれば、ビニール袋はリサイクルでもOK。ビニール袋で梱包すると、濡れないように予防出来て、衝撃を和らげる効果があります。

💡 Hint

第一印象アップ！マスキングテープでラッピング

ラッピングは、届いた時に購入者の第一印象として「かわいい!!」と思ってもらえます。これもクレームなく取引をするコツであり、良い評価やリピーターになってもらえるテクニック。マスキングテープは、可愛く商品の見た目を良くできるおすすめのラッピンググッズです。

なお、マスキングテープは粘着力が高くなく、仮止め程度の強度しかありません。商品のラッピングには使用可能ですが、箱や封筒の外側に封をする用途でマスキングテープを使うのは、輸送中剥がれる可能性が高いため控えましょう。

⚠ Check

緩衝材で商品の破損を防ぐ

商品の破損を防ぐための緩衝材は、自分で用意する必要があります。商品と段ボールに隙間がある場合は、新聞紙や緩衝材を必ず入れて、出品時の写真と同じ状態で購入者の元に届くようにしましょう。

03

準備や設定を行って出品しよう

　衣服の発送は、ゆうゆうメルカリ便の
ゆうパケット（230円・厚さ3cmまで）
とらくらくメルカリ便のネコポス（210
円・厚さ3cmまで）がお得です。厚みを
抑えるために、服をきれいにA4サイズに
収まるようたたみ、保存袋に入れて空気
を抜きましょう。見栄えも良く好印象を
与えやすいのもメリットです。

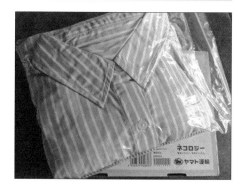

　100円ショップなどで梱包用の資材を
用意すると、より見栄え良く梱包ができ
ます。封筒、段ボール、ビニール袋から緩
衝材まで、バラエティ豊かなラッピング
用品が手に入ります。また、梱包用資材は
再利用でも問題ありません。プチプチの
緩衝材や紙袋など、商品に合ったサイズ
でまだ使えるものを選び、丁寧に梱包し
ましょう。

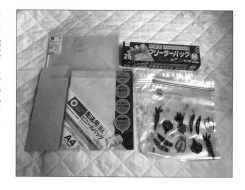

🔍 Hint

メッセージカードを添えて丁寧な印象を

　商品になにか一言コメントを添えて発送すると、印象がより良
くなります。一言添えるのに便利なのがポストイット。糊付けや
テープ留めで商品を傷つけることも少なく、また、購入者も気兼
ねなく処分できます。

配送方法の設定について確認しよう

匿名・全国一律料金のメルカリ便がお得

メルカリで利用出来る配送方法はいくつかあります。商品のカテゴリーや素材に合わせた配送方法にしましょう。送料負担や発送までの日数も、購入者にとって大切な項目です。特に匿名・全国一律料金の「メルカリ便」が手軽でお得。商品が売れやすく送料をなるべく安く発送出来るよう、配送方法の設定を確認しましょう。

配送料は出品者が負担したほうが断然売れやすい

配送料は、出品者が送料を負担する「送料込み」と、購入者が送料を負担する「着払い」があります。出品者負担にして、送料込みの価格設定にした方が断然売れやすくなります。「メルカリ便」（後述）の場合、送料は販売利益から差し引かれます。送料込みで購入されたあとに着払いに変更することはできないのでご注意ください。

商品のサイズを確認しよう

●A4の大きさに収まる / 厚さ3cm以内

商品のサイズや重さによって送料が変わります。まずは商品のサイズを確認してみましょう。商品がA4の大きさに収まり、厚さ3cm以内であれば、匿名・全国一律料金で追跡機能があるメルカリ便（ネコポス・ゆうパケット）の利用がお得です。

送料が商品代金を上回ってしまうと、出品者にはメリットがありません。少しでも売上をアップさせるには、送料をうまく設定することが大切です。

準備や設定を行って出品しよう

03

●A4の大きさで収まらない / 厚さ3㎝以上

　商品がA4の大きさで収まらない、厚さが3㎝以上あるときは、ネコポス・ゆうパケット以外の配送方法になります。商品を測定し、どの配送方法が良いか選択しましょう。

　マイページの「ヘルプセンター」から「配送方法」をタップすると「配送方法一覧」が見られます。

●どの配送方法にすればいいかわからないとき

　どの配送方法が良いか迷ったら「商品別おすすめ配送方法」を見て、自分の商品にとって最適な配送方法を選びましょう。

●メルカリガイドの一覧で確認

　メルカリガイドの「配送方法一覧」から「配送方法早わかり表」が見られます。商品サイズや発送方法が一目でわかるので、参考にするのもおすすめです。

💡 Hint

ゆうパケットポストmini

　2023年9月29日から、小型商品向けの配送手段「ゆうパケットポストmini」の取り扱いが始まりました。ゆうパケットポストminiは、専用封筒を用いて郵便ポストから発送ができるサービスで、小型商品の発送に向いています。

●「ゆうゆうメルカリ便」と「らくらくメルカリ便」の2種類

　メルカリでは、ヤマト運輸や郵便局と提携した独自の配送サービスがあります。郵便局との提携の「ゆうゆうメルカリ便」、ヤマト運輸との提携の「らくらくメルカリ便」の2種類をサービス展開しています。2つの主な違いは、発送場所とサイズ、料金です。どちらを使うか、商品の大きさや発送をよりスムーズに行える方法などで選ぶと良いでしょう。

> **💡 Hint**
>
> ### どちらが早く配送できる？
>
> 　A4サイズに収まる軽量の物であれば、メルカリ便の中でもヤマト運輸の「ネコポス」や「宅急便コンパクト」、郵便局の「ゆうパケット」「ゆうパケットポスト」で発送することが多いでしょう。
>
> 　大きさや厚さがそれぞれ決まっており、オーバーしていないか不安なときは、ポストに投函できればOK！の「ゆうパケットポスト」が便利です。
>
> 　配送予定の日数が「ネコポス」「宅急便コンパクト」は発送から1～2日、「ゆうパケット」「ゆうパケットポスト」は発送から2-3日となっています。
>
> 　状況によって到着までの日数が変動することもありますが、急ぎのときはヤマト運輸を利用すると早い到着を見込めます。

配送方法	ゆうゆうメルカリ便	らくらくメルカリ便
発送場所	郵便局・ローソン・郵便局ポスト	ヤマト営業所・ファミリーマート・セブンイレブン・宅配便ロッカーPUDO※1
集荷	不可	可能
受取場所	自宅・郵便局・ローソン・ミニストップ・日本郵便の宅配ロッカー「はこぼす」※2,3	自宅
対応サイズ	ゆうパケット、ゆうパケットプラス、	ネコポス、宅急便コンパクト、宅急便60～

▲メルカリコラムより引用

https://jp-news.mercari.com/contents/1974

●匿名配送

　2つのメルカリ便にある匿名配送は、出品者と購入者、双方が住所と名前を明かすことなく荷物のやり取りを行えるサービスです。住所を知られて悪用されないか不安という人は、出品時にあらかじめメルカリ便を選択しておきましょう。ゆうゆうメルカリ便、らくらくメルカリ便のどちらかを選択すれば、自動的に匿名配送になります。

らくらくメルカリ便

持込場所：

A4	ネコポス 角形A4(31.2cm×22.8cm)、厚さ～3cm、重さ～1kg	¥210 全国一律
	宅急便コンパクト 薄型: 24.8cm×34cm 厚型: 25cm(縦)×20cm(横)×5cm(高さ) 重さの規定・制限なし ※専用箱(70円)	¥450 全国一律
	宅急便 3辺～160cm、重さ～25kg	¥750～ 全国一律

ゆうゆうメルカリ便

持込場所：

A4	ゆうパケット 3辺合計～60cm(長辺～34cm)、厚さ～3cm、重さ～1kg	¥230 全国一律

ゆうゆうメルカリ便

持込場所：

A4	ゆうパケット 3辺合計～60cm、厚さ～3cm、重さ～1kg	¥230 全国一律
A5	ゆうパケットポストmini 21cm×17cm、厚さ～2kg ※専用封筒(20円)	¥160 全国一律
	ゆうパケットポスト 郵便ポストに投函可能なサイズ ※専用箱(65円)/専用シール(5円)	¥215 全国一律
	ゆうパケットプラス 17cm×24cm×7cm、重さ～2kg ※専用箱(65円)	¥455 全国一律
	ゆうパック 3辺～170cm、重さ～25kg	¥770～ 全国一律

梱包・発送たのメル便

> **⚠ Check**
>
> ### 匿名配送サービスが利用できない場合も
>
> 　出品時に配送方法を「未定」にして、購入後にメルカリ便に変更した場合は、匿名配送のサービスが利用できないので注意してください。

> **💡 Hint**
>
> ### 発送時に配送方法の変更も可能
>
> 　出品する時に、ゆうゆうメルカリ便にするか、らくらくメルカリ便にするか迷う人もいるようです。また、購入者にコメントや取引メッセージで、発送方法の指定をされる場合もあります。発送時に変更も可能です。ただし、変更すると受け取れなくなる方法もあるので注意してください。また、配送方法を変更した場合、購入者に一言メッセージを入れておくと親切です。

現金払い不要で手間いらず！送料は売上金から差し引き

　メルカリ便を選択した場合、送料は商品の販売利益から自動で引かれます。取引画面の「配送料」の項目にかかった配送料が表示され、販売手数料とともに差し引かれた金額が販売利益になります。

　万が一送料が商品価格を上回った場合、発送できなくなる可能性があるので、あらかじめ送料を考慮した商品価格設定をする必要があります。

⚠ Check

専用の箱が必要な発送方法

　メルカリ便の「宅急便コンパクト」と「ゆうパケットプラス」は専用の箱が、「ゆうパケットポストmini」は郵便局でのみ販売している専用封筒が必要です。別途箱代がかかるので、発送代に含めて価格設定しましょう。各営業所や一部のコンビニ、メルカリストアで購入ができます。あらかじめ購入し、梱包が完了した状態で発送する場所に持っていきましょう。

メルカリ便を選択する

　「商品の情報を入力」画面をスクロールし、「配送の方法」から「らくらくメルカリ便」または「ゆうゆうメルカリ便」を選択します。

普通郵便を利用する

　定形内・定形外の普通郵便は、サイズと重さを基準に送料が決まります。シールやカードなどの軽い荷物の場合は検討しても良いでしょう。ただし普通郵便は宛名書きが必要で、匿名では配送できません。また追跡・補償サービスがなく、距離によって配達に時間がかかる場合があります。出品時に、普通郵便を使用する旨を伝えておきましょう。高額商品や壊れ物は避けたほうが無難です。

💡 Hint

郵便料金について

　定形郵便のサイズであれば84円と94円で送れるものもあります。チケットや商品券などは、簡易書留（基本料金＋350円）にすると対面で引き渡してくれるので安心です。

郵便局国内料金表：
https://www.post.japanpost.jp/send/fee/kokunai/one_two.html

着払いに設定する（ゆうパック・宅急便）

■ 出品画面で「配送について」にある「配送料の負担」をタップし、「着払い（購入者負担）」に変更する。

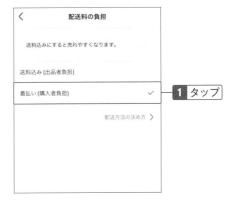

03

⚠ Check

メルカリでは着払いを推奨していない

着払いで配送できるのは、宅急便とゆうパックの2種類です。ただしメルカリでは、トラブルを避けるため、着払いでの出品を勧めていません。送料をしっかり調べた上でおおよその金額をあらかじめ伝えておくと「聞いていた金額と違う！」といったクレームになりにくいです。不安であれば、購入者側にも調べてもらうよう依頼をして、お互い納得の上で着払いの手続きをしましょう。

配送方法を未定にする

■ 出品画面で「配送について」にある「配送の方法」をタップし、「未定」に変更する。

⚠ Check

「配送方法未定」のメリットとデメリット

配送方法がメルカリ便以外の場合は、出品者に購入者の住所が開示されます。また、配送方法が「メルカリ便」でも、最初に「未定」に設定し、後から変更した場合は、匿名配送はできません。

未定にすると住所氏名が開示されるので、いい加減な取引を防げるのが大きなメリットとなります。逆にデメリットとしては、売れにくくなる点が挙げられます。これは、購入者は住所も名前も知られずに取引ができる「匿名配送」を好むため、住所が開示されてしまう取引を避ける人も多いからです。

売れにくくなるのを防ぐためには、配送方法を設定しておくことをおすすめします。

準備や設定を行って出品しよう

119

発送元地域を設定する

1 出品画面で「配送について」にある「発送元の地域」をタップ。

出品者の発送元を設定

　出品者がどの都道府県から発送するかを選択します。購入者は、発送地域がわかればおおよその商品到着日が予測できます。商品を早く受け取りたいときは、近い地域の人から選ぶこともあります。

2 該当する地域を選択する。

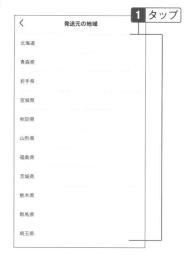

配送までの日数を設定する

1 出品画面にある「発送までの日数」をタップ。

2 確実に発送出来る日数を選択する。

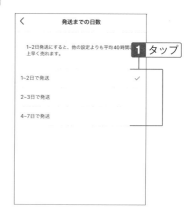

早めの日数設定が売れやすい！

　発送は最短1日、最長7日まで設定できます。購入者が支払いを済ませた時点からの日数となります。購入した翌日を1日目と数え、1〜2日であれば2日以内に発送することがルールとなります。
　買った物は早く欲しいと思いますよね。そのため日数は最短の1〜2日が一番売れやすくなります。ただ遅れると信頼を損なってしまうので、対応可能な日数で設定を。もし遅れる場合は必ずメッセージで了解を得ましょう。

全ての項目を設定したら

　画面下部にある「出品する」をタップして設定を終了することで、変更が出品画面に反映されます。

　途中で入力した情報を保存したいときは「下書きに保存する」を選択します。「下書き一覧」に保存され、いつでも確認出来ます。

💡 Hint

ヘビーユーザーもオススメ！「ゆうパケットポスト発送用シール」

　「ゆうパケットポスト」は専用の箱が必要なイメージがある人も多いかもしれませんが、「ゆうパケットポスト発送用シール」は、梱包した荷物にシールを貼ってQRコードを読みとり、そのままポストにインで完了です。メルカリだけでなく、他のフリマアプリや物を送る時にも便利で、メルカリステーションのスタッフさんからもイチオシされた発送方法です。

⚠ Check

それでも発送方法に困ったら⁉

　郵便局やヤマト運輸の営業所に商品を持ち込んで聞くのが一番確実です。コンビニでは聞けません。コンビニはあくまでも受け取って取り次ぐのみで相談は不可です。

03-05

いくらくらいが売れる!?
希望価格も登録できる値段の決め方

売れている相場から値段設定をしよう

付加価値がない限り、相場より高いと商品を売るのは難しいでしょう。価格は商品のバロメーターです。大事なことは、状態や購入時期を優先して価格設定をすること。出品前に似た商品を調べて適正価格を知ると、価格設定がしやすいですよ。

送料を踏まえた価格設定で利益を出そう

●送料と販売手数料を踏まえる

　メルカリに支払う販売手数料は販売価格の10%です。送料を出品者負担で販売するなら、送料と販売手数料を踏まえて価格を決定しましょう。消費税はかからず、300円以上から出品可能ですので、値引き依頼に対応するなら、売りたい価格の1~2割増で設定してみて様子見でもよいでしょう。

　例えばお皿を販売するとします。1,000円で売りたいと思った場合、1,100~1,200円で売ると、値引き依頼に対応した際100円~200円値引きしても、1,000円で売る事ができます。

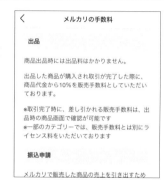

💡 Hint

バーコードから相場価格がわかる

　本やコスメは「出品」→「バーコード」で読み込むと、「相場価格」を表示してくれる場合があります。価格設定の参考にしてみてもいいかもしれません。

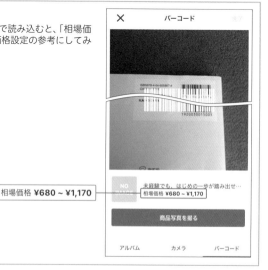

●売れやすい価格に設定する

販売価格の設定箇所に、売れやすい価格が表示されます。新品なら定価の6~8割、劣化状態により2~4割の設定が推奨です。商品への思い入れもありますが、売れる価格を設定しないと、ずっと手元に残ったままになってしまうので、割り切って値付けしましょう。

¥300-9,999,999

利益が出て売れやすい価格に設定するには？適正価格を調べる方法

●メルカリ内で似た商品を検索する

価格を調べるには、メルカリ内で似た商品を検索してみることが1番です。安い順に並べ替え、売れている価格と売れていない価格を確認しましょう。商品の状態や購入時期等を比較し価格を決めると、売れやすくなります。

●インターネット検索を参考にする

インターネット検索も参考になります。ショッピングサイトでは新品の金額、中古販売しているオークションサイトでは落札金額を見ると、相場が分かります。説明文をより充実させられる情報を得られることもありますよ。

Googleレンズで値段の相場を比較できる

　Googleレンズは、写真に写ったものを検索する機能のことです。出品する商品の写真をGoogleレンズで調べると、他フリマサイトで出品されている値段がわかることがあります。いくらくらいで売れているかわかりやすいので、価格設定の参考になりますよ。

▶ Googleレンズ：https://lens.google.com

オークファンで過去の取引金額を調べる

　オークファン（aucfan）は、国内外のオークションサイトやネットショップをまとめて検索できるサイトです。今までどのような金額で販売されているのか、商品名から検索が可能です。商品の相場がわかるので、オークファンで調べると価格が決めやすくなります。

▶オークファン：https://aucfan.com/

03-06

準備はOK!商品情報を入力して出品していこう

下書き保存と最低限の入力項目について

商品の出品準備が出来たら、いよいよ商品情報を入力しましょう。メルカリでは、商品情報の入力項目が決まっています。ここでは、最低限入力する項目を説明します。商品情報の入力に慣れるまでは、下書き保存機能を活用して少しずつ進めていくと良いでしょう。

入力しないと出品不可能！入力必須の商品情報の項目

1 「出品」をタップし「商品の情報を入力」から商品情報入力項目を確認出来る。「必須」と記載がある項目は入力必須で、記載が無ければ出品が出来ないので注意が必要。

2 「商品の詳細」(手順1の画面)で「カテゴリー」をタップして、商品にあったカテゴリーを選ぶ。

⚠ **Check**

カテゴリーの選択は重要

　カテゴリーは、商品に合った選択をしましょう。購入検討者はカテゴリーから商品を検索することが多いため、正しいカテゴリーを選ぶことが売れるためには必須です。

💡 **Hint**

カテゴリーがわからない時の対処法

　商品を出品するとき、どのカテゴリーが適しているのか迷うことがあるかもしれません。特に衣服は「この服はチュニック？ワンピース？」など、わかりにくいことも。そういった時は、同じ商品が出品されているか検索してみましょう。ブランドやメーカーがわかれば、公式サイトで商品を検索して調べるのも良いでしょう。

3 「商品の詳細」（手順1の画面）で「商品の状態」をタップして出品する商品に合った状態を選ぶ。

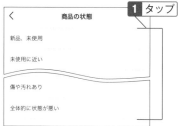

⚠️ Check

商品の状態はワンランク下げて選択が無難

　メルカリでは、商品の状態を出品者が思う1つ下のランクを選択するよう推奨されています。商品の状態は出品者が決めて選びますが、商品の状態の感じ方は人それぞれ異なります。「思っていたより劣化していた」と購入者が思わないよう、慎重に決めましょう。

4 「商品の詳細」（手順1の画面）で「商品名」を入力。40文字まで入力出来る。商品名は、正式名称を入力すると売れ行きがアップする。

🔍 Hint

見やすくわかりやすい商品名に

　購入検討者は、商品名を入力して検索することが多くあります。商品名は正式名称で入力し、サイズや色などを商品名に入れておくのもおすすめ。商品を検索したときに表示されやすくなります。

商品情報は入力途中でも下書き保存が可能

1 「商品の情報を入力」画面下部に「下書きに保存する」があり、タップすると出品情報が「下書き一覧」に保存される。

⚠️ Check

途中でいったん入力をやめる時に便利

　入力途中の商品情報を保存し、後ほど続きを入力出来るので便利です。

2 下書きを見たいときはホーム画面の「出品」をタップし、「下書き一覧」から確認出来る。

⚠️ Check

下書き保存件数は決まっている

　メルカリの下書き保存件数は30件です。30件を超えると保存出来なくなるので、なるべく保存しすぎず出品すると良いでしょう。

⚠ Check

下書きを削除したいときは

　下書き保存から削除したい商品があるとき
は、「下書き保存」から削除したい商品をタッ
プし、画面下部にある「この下書きを削除す
る」をタップすると、下書き一覧から1件削除
されます。

🔍 Hint

下書きを利用して定期的な出品が可能！売り上げアップを狙おう

　下書きを入力して保存し、ある程度商品数
をストックしておきます。メルカリは、毎日出
品、数日に1つ出品など、定期的に出品すると
「新しい商品」に表示されやすいため、売り上
げに繋がりやすいといわれています。下書きの
保存機能を使って出品のスケジュールを工夫
してみると、売れ行きがよくなることがありま
すよ。

🔍 Hint

下書きを保存し内容を確認しよう

　出品を急いでいなければ、一度下書きを保
存し、後から商品情報を見直すのがおすすめ
です。購入者に伝わりやすい言葉になっている
か、誤解を招く表現がないか、時間を置くと冷
静に確認が出来ます。

03

準備や設定を行って出品しよう

03-07

初心者にオススメ！便利なバーコード出品をしよう

バーコード出品の対象は？商品説明まで自動反映

メルカリにはバーコード出品という便利な機能があります。バーコードをメルカリアプリ内のカメラで読み取り、出品商品の参考情報を自動反映できます。バーコード出品で時間短縮をしましょう。バーコード出品の対象は、本・音楽・ゲームソフト・コスメ・香水・美容・家電・カメラ（スマートフォンは除く）です。

スキャンして写真を撮るだけ！お手軽出品が可能

1 画面下部のメニューで「出品」をタップして、「バーコード」をタップ。

2 画面内の白いバーコードと商品のバーコードを重ねて読み取ると、商品情報やタグ情報が説明文に反映される。内容に間違いがなければ「商品写真を撮る」をタップ。

⚠ Check
情報が反映されるジャンルは決まっている

本・音楽・ゲームは、商品情報とタグ情報が自動反映されます。コスメ・香水・美容・家電・カメラ（スマートフォンは除く）の場合は、質問されやすい項目とタグ情報が自動反映されます。

⚠ Check
スキャンしても反応がない商品も

バーコードをスキャンしても商品が見つからない場合は、その商品がバーコード対応していない可能性があります。すべての商品に対応しているわけではないので、対応していない商品の場合は、手順4の画面で商品名等の入力が必要です。

3 撮影画面が表示される。撮影ボタンをタップし、撮影が終わったら「完了」をタップ。

4 「商品の状態」をタップして状態を選択。他、購入時期や使用感など、説明文に追加する情報を入力。

💡 **Hint**

商品の状態・購入時期・使用感の入力のポイント

「商品の状態」は新品または中古を選択します。

商品の説明には、いつ頃購入し、どのくらい使用したのかを記入しましょう。購入希望者の求めている商品とマッチしやすくなります。例えば参考書なら「中古で1年程前に購入したのですが、5.6回程の使用で折り目等はついておらず綺麗な状態です。」等、わかりやすく記載する事をおすすめします。

⚠ **Check**

バーコード出品は単品の配送情報のみ反映

バーコード出品は、セットやまとめ売りには対応していません。単品の商品情報が反映されてしまいます。もし同じタイトルの本をセットで売りたい場合などは、一つを読み取り、反映した商品情報の変更が必要です。

準備や設定を行って出品しよう

5 画面を下にスクロールし、配送の方法や販売価格を変更したら「出品する」をタップ。

バーコードが無くてもできる！商品情報を表示する方法

1 画面左上「×」（戻る）をタップし、商品情報の入力画面に戻る。

2 「商品の詳細」の「カテゴリー」をタップ。

3 カテゴリーの中から「本・音楽・ゲーム」をタップ。

4 「商品名・型番から探す」をタップ。

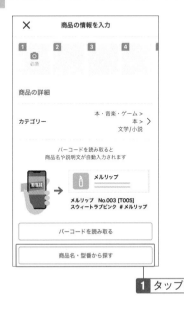

5 タイトルを入力し、表示された候補から出品する商品を選択する。

6 商品の情報が説明画面に反映されるので「商品の状態」を選択。他に変更する箇所や追加情報などを入力し出品する。

03-08

売れるかどうかは写真で決まる！高く売るための写真の撮り方

10枚まで載せることが可能

メルカリの商品写真は、広告です。似た商品を比較されるメルカリだからこそ、他より魅力的な写真をアップすることが大事。写真の撮り方をマスターすれば、どんどん品物が売れるはず。自分が買い手の身になって「欲しいと思う写真」を撮ってみましょう。

メルカリアプリのカメラ機能が万能！明るくはっきりした写真を撮ろう

1 メルカリアプリの「出品」から「写真を撮る」をタップ。

2 メルカリアプリのカメラが起動した画面になったら、商品の写真を撮る。

💡 Hint

商品が明るく写る環境で撮影しよう

　明るく商品がはっきり見えるよう撮影すると良いですよ。特に、日中の窓際で撮影すると商品が明るく自然に写るのでおすすめです。

⚠ Check

自動で正方形の写真が撮影できる

　メルカリの写真登録は正方形です。メルカリアプリのカメラを使うと、自動で正方形の写真が撮影できるため、切り取り不要でそのまま商品写真として使用できます。

3 写真は1つの商品につき10枚まで
掲載が可能。

💡 Hint

2枚目以降の写真

　2枚目からは後ろ、斜め、内側、生地アップ
などを載せましょう。色や素材、形、状態がイ
メージできるように撮影してください。枚数は
多いほうが出品者の真剣さが伝わります。着
画、タグ、付属品等があると、さらに差別化で
きます。

劣化部分はすべて撮影！誠実な商品説明がトラブル回避に繋がる

●アップ写真を載せて確認しやすく

　汚れやダメージ部分は、アップ写真を載せます。服の
場合、襟袖汚れ・毛玉・内側・ボタン等を見落としな
く。分かりにくいときは、加工で○印等をつけると更に
親切です。使用した化粧品等は、容量が分かるようにし
ましょう。

●全てのダメージを載せる

　伝えたいダメージが多くある時は、全てのダメージを
載せたほうが後にトラブルが起きにくくなります。劣化
部分が多い場合でも、全て撮影し商品説明文への記載を
しましょう。正直に劣化部分を伝えることで、購入検討
者に誠実な印象を与えやすくなります。

03-09

売れる写真にするために 編集して登録していこう

メルカリアプリで加工は必須！写真の順番も考えて登録

写真が明るく綺麗に撮れていればそのままでもOKですが、何か写り込んでいる、暗くて見づらい、そんなときは編集・加工してみてください。メルカリアプリのカメラ機能で加工できます。ただし、実物と違う過度な加工はNG。加工後は実物と見比べることが大切です。更に閲覧数をアップするための撮影から写真加工のコツも解説します。

メルカリアプリのカメラ機能で手軽に撮影！買いたくなる写真に

1 メルカリの「出品」から「写真を撮る」を選択し、撮影画面を表示。

2 自動的に正方形の写真が撮れるよう設定されているので、そのまま撮影ボタンをタップして撮影。

💡 Hint

元々撮影していた写真も使用可能

　スマートフォンで元々撮影していた写真を使うこともできます。その場合は撮影画面で「アルバム」を選択して、使いたい写真を選びましょう。

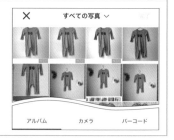

写真が小さい、商品以外の物が写っている場合は「切取（加工）」がおすすめ

1 「商品の情報を入力」画面から撮影した写真の画像をタップし、左下の「加工」をタップ。

2 「変形」を選択し、正方形になっているか確認したら、商品が見やすい大きさに整えて「適用」をタップ。切取の加工が完了となる。

商品が見切れた写真にならないよう注意

　写真の切取加工をすることで、商品の写真が見切れてしまうことがあります。特に全体写真は、商品がすべて写真に収まるよう加工しましょう。

明るい写真で第一印象をアップ！

1 「商品の情報を入力」画面から加工したい写真の画像を選択し、「加工」から「調整」をタップ。

2 「明るさ」を選択し、○部分を左右に
ドラッグして明るさを調整。明るく
するなら右へ、暗くするなら左へド
ラッグする。

2 ドラッグ

1 タップ

⚠ **Check**

あくまでも商品の質が伝わる自然な明るさで

購入者は写真のイメージで購入します。できるだけ実物に近い色味・雰囲気になるように調整しましょう。不必要なフィルターや、不自然な明るさは信頼性が欠けます。過度な加工はNGです。

💡 **Hint**

小物でひと演出もGood！

ちょっとした小物を添えて撮影すると、印象が変わります。観葉植物やドライフラワーは、見栄えが良く長期保存が可能なのでおすすめ。

💡 **Hint**

かけ置き？平置き？撮影場所はいろいろ

フローリングなど床に置いている写真もよく見かけます。本や子供服などは特に、衛生的な印象を考えると、スペースがあるなら机置きがベスト。また、床置きは写真が暗くなりがちです。床に置いて撮りたい時は、白色に近い布を敷いて商品を置くと良いでしょう。

💡 **Hint**

商品がより良く写る撮影時間

明るい写真が良いと言うことにも繋がることですが、自然光を使い昼間に明るく撮った方が比較的良い写真が撮れます。フラッシュ機能は暗く写りがちで難易度が高いため、避けた方が良いでしょう。

💡 **Hint**

加工機能「コントラスト」「彩度」も試してみて

「明るさ」機能の隣に「コントラスト」「彩度」機能があります。「コントラスト」は写真の明暗をくっきりさせ、「彩度」は画像の鮮やかさを調整できます。商品の色味や質感が変わらない程度に加工してみるのもおすすめですよ。

03-10

詳細な商品情報を入力して
買いたくなる出品にしていこう

商品の説明は任意だが、商品名と同様売れるかどうかはここで決まる

商品情報の各情報は正確に登録しないと検索されません。そして、最終的に購入を決定づけるのは説明文です。文面から表れるイメージで出品者の印象が決まります。評価が少ない人でも、誠実な説明文を書けば即完売も夢ではありません！登録が終わったら客観的に見直してみましょう。

商品の詳細「カテゴリー」と「商品の状態」は正確に

●カテゴリー

カテゴリーは、購入検討者が検索するときに使うため、間違えて設定してしまうと閲覧数に大きく影響します。またスマホ・チケット・財布・バッグ・スニーカーのカテゴリーは出品のガイドラインがあるので、事前に確認してから出品しましょう。メルカリのガイドラインで出品画面が確認できます。

> ＜ メルカリ出品までの流れ・売り方
>
> **2.商品の詳細を設定する**
>
> **カテゴリー**と**商品の状態**について設定しましょう。
>
> ■ **カテゴリー**
> 出品する商品のカテゴリーを選択すると、サイズやブランドなどの選択肢が追加されます。
> なお、追加した写真の情報をもとに自動でカテゴリーが設定されることがあります。設定されたカテゴリーに商品が属さない場合は、改めて選択し直してください。
> ＊カテゴリーを選び直すと、サイズやブランドなど任意で入力した情報もリセットされます

●商品の状態

商品の状態は慎重に選択しましょう。「新品」と「未使用」は、新品状態であること。買ったばかりで試着程度ならば「未使用に近い」で良いでしょう。状態を重視し、自分が買い手だったらどう判断するか正直に選択しましょう。

> ＜ メルカリ出品までの流れ・売り方
>
> ■ **商品の状態**
> 出品する商品の**使用状態**を6つのレベルから設定しましょう。
>
> ・ **新品、未使用**：購入してからあまり時間が経っておらず、一度も使用していない
>
> ・ **未使用に近い**：数回しか使用しておらず、傷や汚れがない
>
> ・ **目立った傷や汚れなし**：よく見ないとわからない程度の傷や汚れがある
>
> ・ **やや傷や汚れあり**：中古品とわかる程度の傷や汚れがある
>
> ・ **傷や汚れあり**：誰がみてもわかるような大きな傷や汚れがある
>
> ・ **全体的に状態が悪い**：商品の全体に目立つ傷や汚れ、ダメージがある
>
> 設定した「商品の状態」は、あくまでも「目安」です。
> 傷や汚れがある商品を出品する場合は、該当箇所を撮影し出品画像に掲載したり、商品説明に詳細を記載するなどで、購入者がわかるように補足することをおすすめします。

●正式な商品名と型番を記載

正式商品名・型番があるものは、商品名に入力すると検索の時に欲しい人が探しやすくなります。ブランドやサイズなど目立たせたい情報に【 】を使うと効果的。絵文字は文字化けの可能性があるので、記号程度にしましょう。

●詳しく丁寧な説明を

説明は詳しく、読みやすく、丁寧に。素材・デザイン等の特徴、寸法、劣化状態は必須事項です。使用頻度・定価や購入時期を書くのも効果的です。なぜ出品するのか（例えばサイズが合わなくなった、別の物を購入した等）も書くと、まだまだ使えるものと印象づけられます。こんな人にピッタリ！とターゲットを絞るのもコツです。

高額商品は購入店舗や価格も書くと信頼度が上がります。キーワードが多い程、検索結果に表示されますが、関係ないブランド名など誤解を招く表記はNGです。

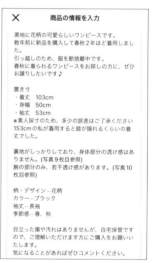

中古の衣類なら着用感を書くのもおすすめ

中古の衣類を出品するときは、商品説明文に着用したからわかるサイズ感を書くのもおすすめ。「155cmで膝が隠れるくらいの着丈です」「普段Lサイズ着用ですが、こちらはMサイズでもゆったり着られます」など、着用してみたサイズ感を記載してみましょう。購入検討者にとって親切でわかりやすいため、購入に繋がりやすくなることも。

売れやすい出品のタイミングを狙え！
出品のコツとポイント

季節・時間によっても変わる　売れないには理由あり　売れないときの対処法

出品しても商品が売れない！そんな時はどのように出品しているのか見直してみるのがおすすめです。もしかしたら、出品している時間帯や季節を意識してみたら、売り上げに繋がることもあるかもしれません。商品が売れない時は、ほんの少し出品時間や商品の情報を変えるだけで、すんなり売れることもありますよ。

売れやすい時間帯を意識して出品しよう

●スマートフォンをよく利用する時間帯

メルカリは「新しい商品」を検索して商品を閲覧出来ます。出来るだけ購入検討者に見てもらえるような時間帯に出品すると、売り上げに繋がりやすくなることも。一般的に1番スマートフォンを利用するといわれている時間帯は20時～22時頃。何時に出品したら良いかわからない時は、狙った時間に商品を見てもらえるよう19時～21時頃に出品するのがおすすめです。

⚠ Check

深夜の出品は避けた方が良いことも

夜に出品出来ない人もいます。19時～21時の出品はあくまでも売れやすい傾向がある時間帯です。他の時間でも、絶対に売れないということはないのでご安心を。ただ、深夜の出品は閲覧する人が少ないため出来れば避けた方が良いかもしれません。

●季節限定のアイテムの出品時期

季節限定のアイテムは、使用頻度が高い季節になる1～2ヶ月前に出品するのがベスト。例えば、冬が近付いてくるとコートやブーツといった防寒アイテムの売れ行きが上がります。冬アイテムであれば、購入検討者の検索が増えてくるであろう9～10月頃に出品すると商品を見てもらえる機会が増えます。春～真夏に冬限定アイテムを出品すると、購入してもすぐに使わないので検索されにくいことも。季節を先取りした時期の出品が無難です。

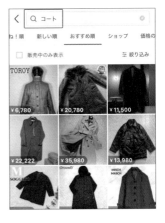

商品がなかなか売れない！何を変えたら良い？

●価格を見直す

　商品が売れない場合は、まず価格が適正か見直しましょう。似ている商品をメルカリ内で検索し、どのくらいの値段で出品されているか調べて参考にすると決めやすいです。

　値下げをするときは、商品説明文に値下げをしたことを追記すると、購入検討者が読むとお得だと感じやすくなり売り上げに繋がることがありますよ。

●商品説明を見直す

　商品説明文に不足があると、商品が売れないことも。購入検討者が知りたい情報が記載されているか、商品説明文を読み直しましょう。購入検討者が商品を実際に利用するとしたら、どのような情報があると良いか考えると詳しく入力出来ます。

　例えば「普通体型160cmの私で膝丈のワンピースです」「普段24.0cmの靴ですが、こちらは小さめなので24.5がぴったりでした」など、使用感を入力すると商品のイメージが具体的に伝わります。

●カテゴリーを変更する

　なかなか売れない時は、カテゴリーを変えてみるのも戦略の1つです。例えば「おもちゃ」を出品するとしたら【ベビー・キッズ】の【おもちゃ】と、【おもちゃ・ホビー・グッズ】の【おもちゃ】というカテゴリーがあります。カテゴリーから検索するユーザーは多いので、変更が売れ行きに繋がることもありますよ。

●ハッシュタグを付けてみる

　商品説明文に記載されている「#」から始まる言葉を、ハッシュタグといいます。ハッシュタグは商品の検索に使えるので、閲覧数が上がる効果があるといわれています。商品の特徴が簡潔に伝わるので、商品のイメージがより購入者にわかりやすくなります。

03-12

出品したら大事に保管！売れたら丁寧な梱包を

出品したら商品。劣化や破損、紛失しないように気を付けて！

出品したら、いつ売れるかわかりません。出品時の状態が維持できるよう保管することが大切です。出品した物は普段使うものとは分けておくようにしましょう。特に日焼け・虫食い・高温多湿には注意が必要です。梱包は受け取り手の気持ちを考えて丁寧に。梱包資材や梱包方法は商品にあったものを選びましょう。

梱包資材を揃えておくと、売れた時にスムーズに発送できる

宅急便コンパクト・ゆうパケットプラス・ゆうパケットポスト以外の梱包材は決まっていません。配送規定の厚みや大きさに収まるよう梱包しましょう。用意しておくと良いものは主に以下の通り。いずれもホームセンターや100円ショップなどで購入できます。きれいな状態であればリサイクルでもOK。梱包材をある程度用意しておくと発送準備がスムーズに出来ます。

💡 Hint

あると便利な梱包材
・A4サイズの袋
・OPP袋と呼ばれる透明な袋
・梱包用テープ
・緩衝材
・紙袋・箱など

💡 Hint

緩衝材はロールタイプがお得！
　緩衝材（通称：プチプチ）は、ロールで売られているものと、折りたたんで売られているものがあります。メルカリ用に購入するのであれば、ロールタイプの緩衝材が同じ値段でたくさん使えるのでお得ですよ。必要な分だけハサミで切って使います。

メルカリで使える梱包材は100円ショップで手に入る

100円ショップには「メルカリコーナー」が設置されている店舗が増えています。サイズごとの段ボールや緩衝材、ガムテープなどが揃います。また、ポスター用やDVD用といった商品に適した梱包材が売られていることも。購入できる梱包材は店舗によって異なるので、注意が必要です。

> 💡 Hint
>
> ### 大きいサイズの段ボールは100円ショップ以外で入手
>
> 梱包材の種類が豊富な100円ショップですが、大きいサイズの段ボールは手に入りにくいです。大きい段ボールは、ドラッグストアやスーパーマーケットで綺麗なものをもらうのがおすすめです。匂いが少なく、剥がれやヨレがない段ボールを選びましょう。

思いやりを込めた梱包を。受け取った人の印象をより良くするには？

●品物に応じた梱包方法を選択する

　品物に応じた梱包方法があります。服などはOPP袋などで防水対策し、規定サイズ内の封筒や紙袋で発送しましょう。精密機械、割れ物や傷が付きやすいものは、緩衝材などでしっかり保護した上で隙間がないよう緩衝材をつめて破損しないように梱包します。箱に「割れ物注意」と赤字で書くか、発送時コンビニなどでシールを貼ってもらうのがおすすめです。過度な梱包は不要ですが、状態が変わらないよう丁寧に梱包しましょう。

●一言を添えてみる

　梱包時にメッセージカードをつけたり、小さなおまけをつけたりする出品者もいます。届いた時にちょっとした一言でも心配りが感じられると嬉しいものです。余裕があるときには一筆添えてみてはいかがでしょうか。

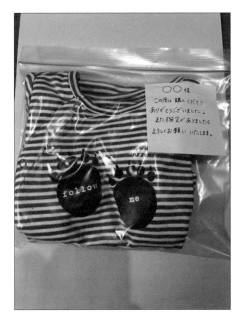

💡 **Hint**

丁寧な取引が交流を生む

　「キャラクター物を購入した時に同じキャラクターのシールをプレゼントしてもらった」、「本を購入した時にドリップコーヒーのおまけがついており『読書のお供に』のメッセージがあった」など、購入時の心温まるエピソードもあります。品物を通して人とのつながりを感じられるのも、メルカリの素敵なメリットです。短い取引ではありますが、購入してよかったと思ってもらえると嬉しいですね。

売れている人はコメント管理が上手！コメントを活用して売ろう

値下げ交渉はもちろん「いいね」もチェックで売れるアピールも出来る

商品の購入を検討している人からコメントがくることがあります。購入に結びつくチャンスなので、できるだけ早く的確に答えましょう。主に値下げのお願いや、商品に対する質問が多くなります。答える時は接客のつもりで印象がよい対応を。出品したらコメントに通知が来るよう設定しておくと便利です。コメントをしたらいいね！を付けているユーザー全員に通知が届くので、活用するのもおすすめです。

「コメント」は購入を検討している人との連絡手段

1 画面下部のメニューで「お知らせ」をタップすると、お知らせが一覧で表示される。

2 コメントを送るには、商品ページの下部にある「コメントする」をタップ。表示された画面をスクロールしてコメントを入力し、「送信」をタップ。

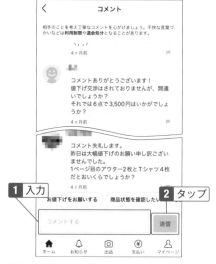

⚠️ Check

コメントはマメにチェックしよう

コメントは、購入検討者が出品者とコンタクトをとりたい時に使われます。商品ページを見る全員が読める場所で、商品の交渉状況が分かります。迅速な返事が売り上げに繋がることも。出品している時はお知らせをまめに確認し、コメントを見落とさないようにしましょう。

💡 Hint

複数人からコメントがあった場合の返信法

複数の人からコメントがきている場合は、返信する相手に対し冒頭に「〇〇様」とつけると親切でしょう。

> **⚠ Check**

コメントは「いいね！」を付けてくれている購入検討者に通知される

　コメントは、いいね！を付けている購入検討者全て（ただし通知を設定している人）に届きます。出品者が「値下げをしました」などのコメントを入れると、購入検討者に通知が届きます。
　なお、10％以上の値下げをした時は自動で通知されます。

コメントは削除が出来る！やり取りを消した方が印象アップすることも

1 自分で書いたコメントの右下にある「ゴミ箱」のマークをタップ。

> **1** タップ

2 コメントの削除で「削除する」を選択する。「出品者がコメントを削除しました」と表示され、コメントが消える。

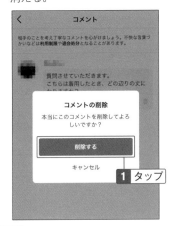

> **1** タップ

> **💡 Hint**

こまめなコメント削除で印象アップすることがある

　他ユーザーとのやり取りが残っていないと印象が良くなる、という考えの方もいます。値引きに関するやり取りを見られないため、コメント欄を見やすくするため、といった理由で削除する出品者もいます。
　また、商品にコメントしてくれたユーザーには、他のユーザーがコメントすると通知されます。購入しない商品の通知が届かないよう配慮するためにコメント削除する出品者もいます。

●値下げ交渉

コメントで一番多いのは値下げ交渉です。値下げをするつもりが無いなら、あらかじめ説明文に記述をしておきましょう。早めに売りたいなら交渉に応じるのもOK。出品直後や依頼された価格に悩む場合は交渉してみるのがおすすめ。大幅値下げの依頼で受けられない場合は、丁寧にお断りしましょう。

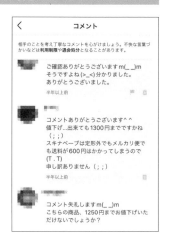

⚠ Check

誤解を招く説明文にならないよう注意

商品に対し質問が多く来る場合は、説明文を見直したほうがよいでしょう。説明文を読み直し、誤解を招く書き方や、抜けている説明がないかチェックすることが大切です。

●取り置きやまとめ買い

商品への質問だけでなく、取り置きのお願いや、商品をまとめて購入したい等の依頼がくることもあります。取り置きするなら購入日を約束しましょう。

また、まとめ売りをして送料が浮くなら、値下げすると喜ばれることが多いです。写真や商品名を「○と○のまとめ売り」と修正し、価格を変えます。後々トラブルになったりしないよう、すべての商品の情報はまとめた方にきちんと載せておきましょう。まとめた方の商品は非公開にし、売れたら削除します。

03-14

購入決定！取引開始から商品発送までの流れをおさらいしよう

発送は、登録した発送日数を超えないようスピーディに

商品の良し悪しだけでなく、取引中の対応でも評価が決まります。取引相手が決まったら、受け取ってもらうまでできるだけスムーズに対応したいですね。ここで商品が売れてから発送までの流れをまとめておきましょう。

商品が売れたら「やることリスト」を確認

1 商品が売れたら通知が届く。ホーム画面の右上にチェックマークがあるのでタップ。表示されたやることリストに「◆◆さんが購入しました、発送をお願いします」または「コンビニ/ATM支払いを選択しています」と表示があるので、タップして取引画面を開く。

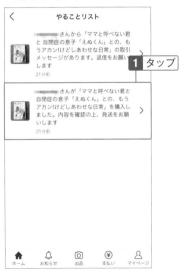

1 タップ

⚠ **Check**

取引画面で行うこと

取引画面で購入者とのメッセージのやり取りができるようになります。万が一3日以内に入金がなければ、取引をキャンセルすることができます。

⚠ **Check**

素早い発送をすると

商品が購入されてから発送するまでの時間が24時間以内だった場合、出品者名の下にバッジが表示されます。これまで発送が早かったことを評価しているもので、取引の目安として活用出来ます。あくまでもこれまで24時間以内に出品していることを評価しているもので、必ず24時間以内に発送することを約束するものではありませんのでご注意ください。

> **24時間以内発送バッジ**
>
> 発送時間（商品が購入されてから発送するまでの時間）の早さが、一定の基準を満たしている出品者に表示されるバッジです。
>
> **発送までの日数を「1~2日」で選択している商品の平均発送時間が24時間以内の出品者**は、すべての出品商品に24時間以内発送バッジが表示されます。
>
> 24時間以内発送バッジは、今後取引される商品に対して「出品者が必ず24時間以内に発送する」ことを出品者およびメルカリがお約束するものではございません。目安としてご活用ください。

2 支払い済みになると、出品時に登録した配送方法が表示される。

1 確認

配送方法を変更したいとき

　配送方法を変更することもできますが、設定していた配送方法を変える場合は、購入者に確認するほうがベターです。
　なお、購入された後にメルカリ便に変更しても匿名配送はできないので注意しましょう。

コンビニからの発送がスピーディで簡単

●セブンイレブン

　セブンイレブンでは、らくらくメルカリ便の発送が可能です。アプリの取引画面でサイズ選択し、品物名・配送料を確認したらバーコードを生成します。セブンイレブンはスマホに表示されたバーコードをレジに持っていくだけで済み、最もスピーディな発送方法です。

●ファミリーマート

「らくらくメルカリ便」はファミリーマートでも発送可能です。アプリで生成したQRコードをファミポートにかざし、申込券をレジに出せばOKです。

ファミリーマート公式サイトより：
https://www.family.co.jp/services/delivery/site_delivery.html

●ローソン

「ゆうゆうメルカリ便」が送れるコンビニはローソンです。同じようにQRコードをLoppiでかざして申込券を出せば発送できます。

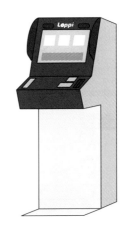

郵便局から発送する方法

●ゆうゆうメルカリ便

「ゆうゆうメルカリ便」の場合、アプリの取引画面でサイズ・品名・配送料を確認の上、QRコードを生成します。郵便局備え付けのゆうプリタッチで送付状を作成。貼り付けて窓口に出しましょう。

●その他の発送

　ゆうゆうメルカリ便の他に、レターパックライトとレターパックプラス（専用封筒が必要）、クリックポスト、定形内・外郵便が郵便局から発送できます。それぞれメリット・デメリットがありますので、送料とサービス、サイズ・重さなどを比較して選ぶ必要があります。

レターパック

レターパックライト

- 料金は全国一律 370円
- A4ファイルサイズ（340mm×248mm）以内、厚さ3cm以内、重さ4kg以内
- 追跡サービスで配達状況を確認できる
- 郵便窓口、ポストへ投かんで郵便受け配達

レターパック

レターパックプラス

- 料金は全国一律 520円
- A4ファイルサイズ（340mm×248mm）以内、重さ4kg以内であれば、3cmの厚さを超えても利用可能
- 追跡サービスで配達状況を確認できる
- 郵便窓口、ポストへ投かんで対面手渡し配達

普通郵便［定形、定形外］

※補償がないため、高額な商品の配送にはおすすめできません

発送場所

ポストに投函するか、郵便窓口に持参してください。

定形郵便物

内容	重量	料金
定形郵便物	25g	84円
	50g	94円

※規格は、長辺 23.5cm 以内、短辺 12cm 以内、厚さ 1cm以内及び重量 50g 以内です

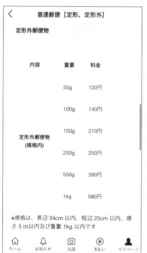

普通郵便［定形、定形外］

定形外郵便物

内容	重量	料金
定形外郵便物（規格内）	50g	120円
	100g	140円
	150g	210円
	250g	250円
	500g	390円
	1kg	580円

※規格は、長辺 34cm 以内、短辺 25cm 以内、厚さ 3 cm以内及び重量 1kg 以内です

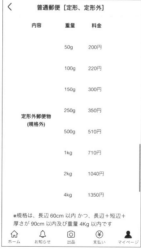

普通郵便［定形、定形外］

内容	重量	料金
定形外郵便物（規格外）	50g	200円
	100g	220円
	150g	300円
	250g	350円
	500g	510円
	1kg	710円
	2kg	1040円
	4kg	1350円

※規格は、長辺 60cm 以内 かつ、長辺＋短辺＋厚さが 90cm 以内及び重量 4Kg 以内です

クリックポスト

`全国一律送料` `配送日指定` `補償` `荷物追跡`

Yahoo! JAPAN ID登録/Yahoo!ウォレット決済が必要です。

厚さ2〜3cm、重さ1kg以内ならこちらをどうぞ。

発送場所

郵便局、ポストのどちらからも発送可能です。

サイズ・重さ制限

34cm×25cm(A4サイズ)以内、厚さ3.0cm以内、重さ1kg以内

料金

全国一律料金 185円

ヤマト運輸営業所での発送または集荷依頼で発送する

　メルカリアプリでヤマト営業所からの発送を選択します。サイズを選択し・品名と配送料を確認したら、QRコードを生成します。ヤマト運輸営業所にある、ネコピットで読み込むと配送伝票が印字されます。

　ヤマト運輸の集荷サービスは取引ごとに集荷量100円が発生し、取引完了後に販売利益から差し引かれます。宅急便コンパクトと宅急便60〜160サイズに対応しています。ネコポスには対応していないので注意。アプリの画面で集荷用情報を入れるとヤマト運輸に集荷依頼が入り、指定日時に回収に来てもらえます。家で荷物を出すだけなのでとても簡単です。

●控えは大事に保管

発送すると控えをもらいます。トラブル時に問い合わせ番号や発送日時等が確認できる大切な証明ですので、購入者から受け取り評価をされるまで、大事に保管しましょう。メルカリ便は取引画面に送付状番号が登録されます。個人情報が入っている場合がありますので、捨てる際も配慮しましょう。

●商品発送後に行うこと

商品を発送したら、「発送通知ボタン」を押します。すると購入者に通知が届きます。このタイミングで、発送したことをメッセージでも伝える出品者が多いです。

メルカリ便を使用すると、出品者・購入者ともに、取引画面から発送状況を確認することができます。さらに送り状番号をタップすることで、荷物の運輸状況を確認することもできます。

⚠ Check

品物名の入力

品物名は商品登録時に設定したカテゴリーから自動反映されます。配送伝票に記述される項目のため、表示内容を変えたい場合はQRコードを生成する前に修正しておきましょう。

03-15

購入検討者、購入者と上手にやりとりしよう

やりとりはお客様対応の気持ちで。丁寧に迅速に行おう

購入検討者、購入者とは、コメントでやり取りをします。文章でのやり取りは、失礼が無いよう細心の注意を払って対応しましょう。言葉選びを間違えて相手に不快な思いをさせてしまうと、低評価に繋がりかねません。自分は接客業、相手はお客様、くらいの気持ちで丁寧迅速な対応をすると、誠実さが伝わるでしょう。

通知機能はONに設定しコメントが来たら迅速な対応を

●出来るだけ早い返信を心掛ける

返信が遅いと、相手に不信感を与えてしまうことも。出品している商品にコメントがついたら、出来るだけ早い返信を心掛けましょう。遅くても24時間以内に返信し、購入者を不安にさせないよう気を付けることが大切です。

●通知をONにしておく

いいね！やコメントがついたらすぐに気が付けるよう、通知設定をONにするのがおすすめ。特に出品中は、通知機能を使うと迅速に対応しやすくなります。

ホーム画面の「マイページ」から「お知らせ・機能設定」をタップすると、プッシュ通知とメール通知の設定が出来ます。

03

準備や設定を行って出品しよう

購入後のやり取りはさらに丁寧に！対応が評価につながる

　購入されたら、取引画面で購入者と個人的にメッセージのやりとりができるようになります。ここでのやりとりは第三者に見られることはありません。

　購入者から「購入しました」とメッセージが来ることがあります。発送準備をするという意思表示も含め、こちらからも購入してもらったお礼のメッセージを入れることをおすすめします。

⚠ Check

迅速な対応が気持ち良い取引に！報告のメッセージは必須

　個人間の取引という点から、全くやり取りがないと不安を感じ、悪い評価を付ける人もいます。購入されたらまずは「お買い上げありがとうございます」と一言メッセージを送りましょう。また「明日発送予定です」など、いつ発送可能か、発送後に「先ほど発送しました」とメッセージでお知らせすると親切な印象を与えます。

　「いきなり発送してきた」と低評価を付ける人も稀にいるので、やり取りはとにかく丁寧さを意識しましょう。

　なお、上記のように低評価を付けられた場合、メルカリに問い合わせてみましょう。場合によっては評価を削除してもらえることもあります。

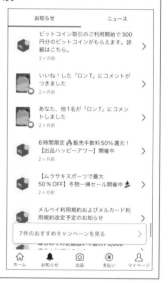

03-16

購入者にも好印象な梱包テクニック
外装梱包の方法

大事なのは配送事故にならない最小限の包み方

購入者が商品を受け取るとき、まず目にするのが外装梱包です。外装は商品の第一印象を大きく左右します。写真と同じ状態の商品が届いても、外装に清潔感が無いと、印象が悪くなりがち。どんな外装梱包だと商品を受け取る時に嬉しいでしょうか。購入者の気持ちになって梱包することが大切です。綺麗な状態であれば、リサイクルの梱包材も使用可能ですよ。

段ボールはサイズと見栄えを重視して選ぼう

　商品発送に使う梱包材で多いのが段ボールです。段ボールは、出来るだけ商品の大きさに合ったサイズを選ぶと、配送料が安く済むことも。商品に合う大きさの段ボールが用意出来ない場合、段ボールを切ってサイズを小さくすると、配送料の数百円を節約出来ることがあります。

🔍Hint

段ボールは見栄えが大事

　段ボールのサイズダウンはやりすぎに注意！ガムテープだらけになり、見栄えが汚くならないよう、常識の範囲で行いましょう。

🔍Hint

再利用して梱包出来る段ボールは選び方が重要

　段ボールは再利用が可能なので、綺麗な状態のものを保管しておき発送時に使うと便利です。段ボールの再利用では「使用感」に気を付けましょう。段ボールに宛名ラベルを剥がした後が大きく残っている、段ボールから食品の香りがする、段ボールがよれて強度が弱くなっている、といった段ボールは清潔感がないためやめるのが無難です。

03

準備や設定を行って出品しよう

●専用段ボールを購入する

　ゆうゆうメルカリ便、らくらくメルカリ便は、店舗で専用段ボールを購入することがで
きます。また、メルカリストアでも梱包用段ボールを購入できます。購入費はかかります
が、サイズを間違えてしまい、思ったより発送費用が掛かったというようなトラブルが避
けられます。また、購入者から梱包の段ボールが汚いなどというクレームになることも避
けられるでしょう。特に高額なものは専用段ボールでの発送がおすすめです。

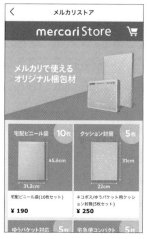

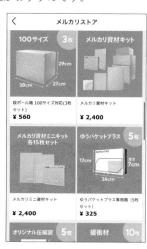

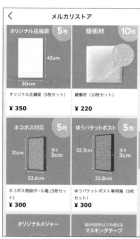

⚠ Check

宅急便コンパクトの専用段ボールは再利用NG

　梱包材のQRコードを読み込んで発送するため、宅配便コンパク
トの専用段ボールの使用は1回限りです。再利用はできません。
ゆうパケットの段ボールは再利用OKです。

見栄えが良い梱包アイテムを使うと好印象に

少しでも見栄えよく送りたい時は、100円ショップなどで梱包用の資材を用意しましょう。封筒、段ボール、ビニール袋から緩衝材まで、バラエティ豊かなラッピング用品が手に入ります。また、梱包用資材は綺麗な状態であれば再利用が可能。商品に合った外装梱包で、破損を防ぎつつ見栄えを良くしましょう。

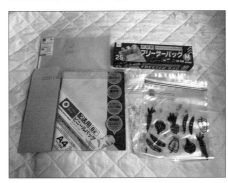

発送しよう
発送の手順と場所

発送方法の変更も出来る

商品が売れたら、取引画面から発送方法を選択して準備をしましょう。発送する場所が違うと、手続きが異なることがあります。メルカリでの発送は、メルカリ便が便利。発送方法の変更も可能です。素早い発送が、購入者にとっては親切な対応になります。

商品が売れたら発送準備をする

1 商品が売れて購入者の支払いが完了すると、「やることリスト」に発送指示が表示されるので、項目をタップ。

2 「商品サイズと発送場所を選択する」からサイズを選び、「選択して次へ」をタップ。

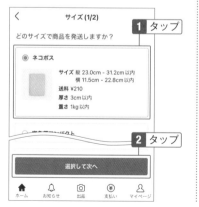

3 続いて発送場所を選び、「選択して完了する」をタップ。

⚠ Check

売れたらなるべく早く発送しよう

　購入したらすぐに欲しいのが購入者の心理。使いたい日がすでに決まっていて、発送までの日をチェックして購入する人も多いようです。売れるかどうかにもかかわってきます。使いたい時に間に合うように、発送はなるべく早くしましょう。

⚠ Check

専用の箱が必要な発送方法

　ヤマト運輸の「宅急便コンパクト」と郵便局の「ゆうパケットプラス」は専用の箱が必要です。一部コンビニやメルカリストアで購入できます。また、「ゆうパケットポストmini」で使える専用封筒の販売は郵便局のみなので、注意が必要です。

⚠ Check

メルカリ便は商品代金を送料に利用できる

　メルカリ便は、商品代金の一部を送料として利用可能です。発送の際に送料を払わなくて良いので便利です。しかし、送料が販売利益を上回った場合、販売利益は0円となり、メルカリ運営側から警告や利用制限の対象となりうるのでご注意ください。

⚠ Check

発送前に正確な荷物の計測が必須

　メルカリ便でコンビニから発送する場合、出品者が自分で梱包した商品のサイズを測り、大きさや重さに合わせて発送方法を選びます。あらかじめ荷物サイズを選択してから発送手続きをするため、コンビニなどで店員さんが荷物サイズを測ることがありません。そのため、設定していた配送法より荷物が大きい・重い場合は、返送されて来ることも。荷物の到着が遅れ、購入者に迷惑がかかることがあるので、商品の計測は正確にしておきましょう。

---

4 メルカリ便を選択して発送場所をセブンイレブンにしている場合「配送用のバーコードを表示する」をタップ。表示されたバーコードをセブンイレブンのレジでスキャンしてもらい、商品を発送する。

5 メルカリ便を選択して発送場所をローソン・ファミリーマート・ヤマト営業所・郵便局にしている場合「配送用のQRコードを表示する」をタップ。表示されたQRコードを店内の機械で読み取り、発送手続きをする。

<table>
<tr>
<td>

6 郵便局やコンビニで配送コードを読み取り、受付伝票を印刷する。

</td>
<td>

7 配送が終わったら「商品を発送したので、発送通知をする」→「発送しました」をタップ。

</td>
</tr>
</table>

🔍 Hint

伝票の貼り付けは出品者自身で行う

　配送商品への伝票の貼り付けは出品者自身で行う場合がほとんどです。分からない場合は、店頭のスタッフさんに聞けば、丁寧に教えてくれます。不安な人は、混んでいない時間に行く方が良いでしょう。

🔍 Hint

購入者に伝える

　購入者にひとこと取引メッセージで発送した旨を伝えると親切な印象を与えやすいです。

🔍 Hint

らくらくメルカリ便はメルカリポストも使える

　メルカリポストは、商品をセルフで発送できるポストのことです。らくらくメルカリ便の「ネコポス」「宅急便コンパクト」のみ対応しています。メルカリポスト設置場所一覧を見てご確認ください。

メルカリポスト設置場所一覧：https://jp-news.mercari.com/map/mercari-post_all/

🔍 Hint

ゆうゆうメルカリ便は郵便局・コンビニ受け取りも可能

　取引開始時から配送方法が「ゆうゆうメルカリ便」の場合、購入者の自宅の他に郵便局・コンビニ（ローソン、ミニストップ）・はこぽすで受け取りが出来ます。不在時も気にせず購入者のタイミングで受け取れるメリットがあります。

配送方法は発送するまで変更できる

　配送方法は、発送するまで変更が出来ます。取引開始後に配送方法を変更したい場合は「発送方法を変更する」から選び直しましょう。取引開始後に発送方法を変更した時は、購入者にメッセージで伝えるとクレームにつながりにくくなります。

⚠ Check

発送方法が変更できないケース

　発送前に伝票を発行している、集荷を依頼している、発送通知ボタンを押している場合は、発送方法の変更が出来ないので注意が必要です。

⚠ Check

匿名配送が出来ない場合

　出品時に配送方法を「未定」で選択し、取引開始後に配送方法をメルカリ便に変更した場合、匿名配送できない点に注意してください。

⚠ Check

メルカリ便以外から「ゆうゆうメルカリ便」へ変更時の注意点

　メルカリ便以外の配送方法からゆうゆうメルカリ便に変更するときは【コンビニ/郵便局/はこぽす】受け取りが出来なくなります。それでも変更すると、購入者の自宅住所への配送になり、出品者に住所を知られます。必ず購入者にメッセージで事前に許可を得てから配送方法を変更するようにしましょう。

家具や大型商品は「梱包・発送たのメル便」が安心

　大型商品は「梱包・発送たのメル便」の発送がおすすめです。集荷・梱包・搬出までをプロに任せることができ、匿名配送可能、保障も付いたサービスです。出品者のみ利用でき、配送料金は取引完了時に売上金から引かれます。家具の分解・組み立てなどのオプションをお願いする場合は、ドライバーさんに現金で支払います。商品によって料金が大きく変わるので、必ず料金表を確認してください。

サイズ	三辺合計	料金
80サイズ	～80cm	¥1,700
120サイズ	～120cm	¥2,400
160サイズ	～160cm	¥3,400
200サイズ	～200cm	¥5,000
250サイズ	～250cm	¥8,600
300サイズ	～300cm	¥12,000

> ⚠ Check
>
> ## 商品のサイズは正確に計測しよう
>
> 「梱包・発送たのメル便」は、出品時にサイズを選択する必要があります。出品時と集荷時にサイズが異なった場合、取引自体は問題なく進みますが、販売利益から差額を引かれる可能性がありますので、しっかり測って間違いのないようにしましょう。

●「梱包・発送たのメル便」の選択方法

「梱包・発送たのメル便」で発送する場合、出品画面で「配送の方法」から「梱包・発送たのメル便」を選択。

> ⚠ Check
>
> ## 指定できないもの
>
> 配送日の指定はできますが、時間帯の指定はできません。また、一部お届け対象外地域もあります。その場合は、出品/購入時に「梱包・発送たのメル便の対象外地域です」とアラートが画面に表示され、誤って出品・購入できないようになっています。

> ⚠ Check
>
> ## 取り扱えない商品もある
>
> ソファとオットマン、テーブルとイスなど、セットで販売されていた家具でも、それぞれに料金がかかるものがあります。また、電子ピアノやギターなどの楽器類、オーディオ機器 (アンプ・ミキサー・スピーカー) などの精密品、バッテリー付きの電動アシスト自転車や絵画など、「梱包・発送たのメル便」で取り扱えない商品も多いため、出品前に利用できる商品かどうかを確認しましょう。

評価して取引完了させる

商品が届き、双方で評価が済めば無事取引完了

商品の発送通知をしたら、購入者・出品者がお互いに評価して取引完了です。良い評価がつけば、商品や対応に満足してもらえたということで一安心。もし悪い評価が付いてしまい思い当たることがあれば、今後の取引に活かせるように受け止めていきましょう。

購入者の受け取り評価の後、通知がくる

1 購入者が受け取り評価をすると、通知が来る。

1 タップ

⚠ Check

受取評価がついたら

購入者が受け取り評価をしたということは、購入者の元に無事届いたということです。受取評価がついたら、次は出品者が評価をします。受取評価の内容を先に確認することはできません。

⚠ Check

配達状況を確認する

配達完了にも関わらず2日以上受取評価がない場合は、購入者側の事情があり確認できていないか、受取評価を忘れているかもしれません。状況を確認するメッセージを送ってみて下さい。ただし配達当日の状況確認は、評価を急かすことになるのでもう少し待ってみましょう。

受け取り評価が入らない場合

　メルカリ便で発送後9日を経過し、配達完了しても受取評価が入らない時は売上を補償してもらえます。ただし追跡できない配達方法の場合、発送した郵便局などに調査をしてもらうことはできますが、結果的に行方不明になってしまう可能性もゼロではありません。この場合は出品者の自己責任となってしまい、売上がつかなくなることがありますので注意して下さい。

取引が問題なく進んだ場合は「良い」評価をつけよう

　評価画面で「良い」「悪い」どちらかの評価をつけられます。メルカリ取引における信頼性を表す評価です。不安のない取引であった場合、遅れる場合も連絡があったなら「良い」を付けるようにしましょう。評価完了後に修正することはできません。慎重に付けるようにしましょう。

　評価の他にコメントを記載することができます。購入者へのお礼を書くと、気持ちよく取引を終了できます。評価コメントは誰もが確認できるため、個人間で得た情報等の記載は控えてください。

　なお対応に気になったことがあり「悪い」評価をする場合は、理由を記載しましょう。相手が問題点に気づき対応を改善できるかもしれません。また理由があればその評価の正当性がわかります。

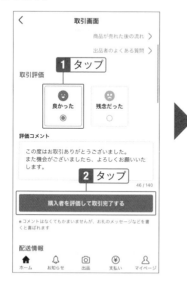

自分への受取評価をチェックする

1 マイページのユーザー名の下にある
☆マークをタップすると、自分の評
価が一覧で表示され、直近の取引相
手が付けた評価をチェックすること
ができる。

 Hint

評価で「悪い」が付いてしまったら

　もし評価で「悪い」が付いてしまっていた
ら、商品に対してなのか、対応に対してなのか
理由を理解して反省し、次に活かしましょう。
改善できることであれば、プロフィール欄に評
価が下がった理由と、今後どうしていくかを記
載すれば、その評価の見方が変わる可能性が
あります。

売上金を確認する

1 取引が完了したら、画面に購入者か
らの評価と「今回の売上金」が表示
される。

2 取引完了後は「マイページ」に売上
金が表示される。

⚠ Check

売り上げを表示する

　取引が完了したら、販売手数料と送料（メルカリ便のみ）を差し引かれた販売利益が確認できます。売
上金もしくはメルペイ残高として、売り上げが表示されます。

03

準備や設定を行って出品しよう

振込申請できる金額

売上を現金で受け取りたいときは銀行口座を登録し、振込申請をします。金融機関、金額に関わらず振り込み手数料が￥200かかります。そのため申請可能金額は￥201からとなります。

売り上げ申請できる期間

売上申請期間は180日と決まっています。そのため期限内にメルカリ内のポイントを購入するか、振込申請をする必要があります。ポイント購入に手数料はかかりませんが、有効期限は365日です。マイページから「本人確認」をタップし「アプリでかんたん本人確認」を行うと、振込申請期間を無期限にできます。

振り込み日を確認する

振り込まれる日程を知りたい場合は、「振り込み日を確認」から振り込み日程を確認出来ます。
ゆうちょ銀行は、他銀行と振り込み日のスケジュールが違うので注意。ゆうちょ銀行のみ、お急ぎ振込が可能です。お急ぎ振込の場合、振込手数料（200円）＋お急ぎ振込手数料（200円）が発生します。

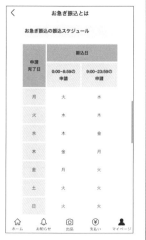

03-19

売りたくない・出品を中止したい！ 削除と公開停止にする

クレームを発生させないために

出品者としてメルカリを利用する際、クレームを発生させず、いかにスムーズに取引するかという事は大事な点です。購入まで進む前のやり取りで不安を感じたり、発送した際入れ忘れに気付き、発送を止めたいといった万が一の時に役立つ方法があります。

一時出品停止の方法

1 画面下部の「マイページ」をタップし、「出品した商品」から一時出品停止したい商品を選択。

2 「商品を編集する」をタップし、画面下部にある「出品を一時停止する」をタップ。

⚠ Check

配送をストップする方法

発送方法については、配送業者に直接連絡を入れましょう。配送状況によってはストップ出来ないことも。なるべく早く配送業者に連絡しましょう。

⚠ Check

一括で出品停止の手続きは出来ない

出品停止処理が終わると公開停止になります。出品停止は一括で行えませんので、一つ一つ操作が必要です。

購入者は、購入日を含む3日目の23：59：59までに商品代金を支払わなければならない決まりがあります。もし、期限内に販売代金を払ってもらえない場合、キャンセル手続きをしましょう。支払期限が過ぎたら、メルカリへの問い合わせはせずにキャンセル申請を行います。

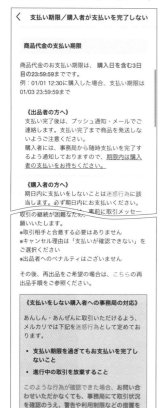

代金を払ってもらえないときは

まずは、取引画面から相手に丁寧にメッセージを送りましょう。メルカリ事務局からも、警告や利用制限の通知を行っています。

取引のキャンセル

1 取引画面の下部から「この取引をキャンセルする」→「申請する」をタップし、手続きをする。

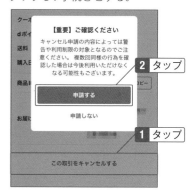

⚠ **Check**

相手側も同意するとキャンセルが成立

キャンセル申請が行われると、取引相手側にもキャンセルの通知が送られます。キャンセルをする場合は、取引画面の「取引メッセージ」を使って、しっかりとお互いに話し合ってから申請するか決めましょう。なお、メルカリでは、取引画面外でのやりとりを原則禁止しています。

⚠ **Check**

キャンセルはペナルティが発生することも

キャンセルは相手側も同意すると成立しますが、メルカリとしてはキャンセル申請を重く考えています。キャンセル申請があると、事務局がキャンセルに至るまでの経緯をチェックします。利用規約に違反があるなど、キャンセルの内容や状況によっては、利用制限や利用停止のペナルティになる場合もあります。

避けるべきはクレーム！
出品時の注意点はこれだけ押さえておこう

クレームが来たらどうしよう！クレームの対応方法と対策はコレ

出品で一番重要なのは、とにかく低評価やクレームを起こさないことです。必要な情報は全て画像と説明欄で詳細に説明しましょう。また、丁寧な梱包や迅速な対応で、購入者へ不安や不快感を与えないよう心がけましょう。

最終チェック！出品商品の画像と説明文

傷や汚れがある部分は必ず画像と説明文に載せましょう。また、説明文には購入時期や手放す理由を記載すると、購入者が安心します。サイズやブランド詳細など、その商品のメーカーのHPで確認できることは、あらかじめ確認して記載すると親切です。

✕　商品の情報を入力

モノグラム・ラインの札入れ
「ポルトフォイユ・ミュルティプル」クレジットカード、紙幣、レシートなどを収納できます

・ブランド名：ルイ・ヴィトン
・サイズ：11.5 x 9 x 1.5 cm
・柄：モノグラム・キャンバス
・種類：札入れ
・性質：ライニング（素材：クロスグレインレザー）
クレジットカード用ポケット5つ（内交差型2つ）
紙幣用ポケット2つ
レシート用の内側ポケット2つ
・定価：約68,000円

2021年発売当初に購入しました。半年ほど使用し、他の物を使うようになったため出品いたします。皮部分に大きな汚れはありませんが、角が擦れたようです。

「ポルトフォイユ・ミュルティプル」は人気が高く、完売している商品も多いシリーズです。
モノグラムは使い勝手が良く、幅広い年齢から愛

🔍 Hint

商品画像の加工はほどほどにしておこう

画像の加工は、過剰にしすぎないよう注意しましょう。実際の商品と画像の色味が違ったというトラブルは少なくありません。

発送までの日数や発送方法はあらかじめ伝えておくこと

出品時に商品の発送までに要する日数を選択できます。しかし、発送までに時間がかかった！というクレームは多くありますので、日数がかかる場合は、購入者とのやり取りでしっかりと伝えておきましょう。

また、着払いの場合は掛かるおおよその金額や発送方法を伝え、購入者側でも確認してもらえるよう伝えると、クレームになりにくく親切です。高額な発送方法で送られた！というクレームにならないためにも、あらかじめ発送方法は伝えておくことをおすすめします。

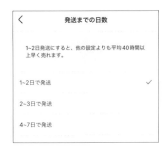

到着日の目安をメッセージで伝えておこう

発送方法によって、到着までの時間は異なります。発送通知のメッセージで、到着日を伝えてあげると親切です。

価格設定は慎重に！適切な金額にするのがクレームにならないコツ

価格の設定の際は、あらかじめ同じような商品の価格をチェックしてから設定しましょう。自分が予想していたよりずっと安価で取引されている場合もあります。

また、値下げ交渉のメッセージがくる場合がありますので、値下げ交渉を加味した金額を設定するとよいでしょう。もし値下げ交渉に応じる気が無い場合は、値下げ不可の意志をプロフィール画面、または商品の説明文に入れておくと、購入者側も納得してくれるでしょう。

✕	商品の情報を入力

「ポルトフォイユ・ミュルティプル」は人気が高く、完売している商品も多いシリーズです。モノグラムは使い勝手が良く、幅広い年齢から愛され続けています。

自宅保管していたこと、角に擦れがあることを踏まえ、中古品にご理解ある方にお譲りいたします。

送料を含め、ギリギリのお値段での出品となります。
お値下げはご遠慮くださいませ。

446 / 1000

Hint

メルカリ内の似た商品を価格設定の参考に

出品する商品と同じカテゴリで似ている商品を検索してみましょう。「販売中のみ表示」で検索すると、いくらくらいで売られているかわかります。売れている商品の値段を参考にすると、クレームにつながりにくい価格設定に出来ます。

見た目の重要さ！やはり梱包は大事

丁寧に梱包され、メッセージカードが添えられている商品と、ぼろぼろの再利用の段ボールで緩衝材もなく送られてきた商品、どちらが好印象かは一目瞭然です。まずは破損などを防ぐために、壊れやすいものは必ず新聞紙やプチプチなどの緩衝材を入れましょう。また、ガムテープなどは丁寧に貼ることを心掛け、最低限不快な思いをされないような工夫をすると相手に誠実さが伝わります。

Hint

大切なのは清潔感

再利用の梱包材を使用する場合は、清潔感が損なわれていないかどうかを基準にしましょう。いくら新品に近いような段ボールでも、もともと入っていた食品のにおいが残っているなど、相手にとって不快になるような要素があるものは避けたほうが無難です。

03-21

禁止されている出品物を把握しよう
違反はアカウント停止になる場合も

ガイドラインが少し厳しいので、出品時にはしっかり確認しよう

メルカリにおける出品時の注意については、意外と理解していない人も多いです。確認しないまま出品をすると購入者とトラブルの元になったり、知らないうちに違反をしていて事務局からの連絡で利用制限がかかったりする事もあります。後で困らないようにここでしっかりと把握しておきましょう。

禁止されている出品物を把握しよう

●ヘルプセンターを確認

メルカリには、多くの出品禁止物があります。ヘルプセンターに記載されている「禁止されている出品物」を読み、把握しましょう。禁止されている物は出品してはいけません。

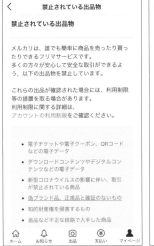

●トラブルになりやすい出品物

　禁止とされている出品物で特にトラブルになりがちなのが、電子チケット等の電子データや、コスメ・化粧品です。ヘルプセンターの注意事項をしっかり読んで把握しましょう。

＜　電子チケットや電子クーポン、QRコー…

メルカリでは、電子チケット等の電子データについて、該当商品を利用できない等のトラブルを防ぐため、出品を禁止しています。

事務局が禁止出品物に該当すると合理的な理由に基づき判断した場合は、取引キャンセル・商品削除・利用制限などの措置を取る場合があります。

どのようなものが違反になりますか？

- 電子チケット
- 電子クーポン
- QRコード
- カフェやコンビニ等のギフトコード
- SIM等の通信サービスやその他各種商品
- サービス・機能を利用するためのコード類
- プロダクトコード
- ダウンロードコード
- 電子コード
- その他、事務局が不適切と判断したもの

ホーム　お知らせ　出品　支払い　マイページ

⚠ Check

出品して良いか迷う商品は避けよう

　ヘルプセンターの説明を読み出品して良いかわからない場合は、違法出品にならないよう出品を避けた方が無難です。例えば、コスメなら国内製の医薬部外や国内製の商品は出品しても大丈夫ですが、知らないうちに違反していた…という事にならないよう、表記をよく確認して出品して下さい。

⚠ Check

二次創作物はすべて出品禁止

　二次創作物とは、芸能人やキャラクターを元に独自のポスター、カードなどを二次的に創作したもののことをいいます。メルカリでは、二次創作物の販売が禁止になっています。メルカリで商品を見かけるのは、ガイドラインを読んでいない人が出品しているから。ペナルティがある恐れがあるため、二次創作物の出品はやめましょう。

1.芸能人やキャラクターをイメージした商品は出品可能ですか？

A.出品できません

知的財産権を侵害する商品に該当する可能性があるため、出品を禁止しています。「イラスト」「ファンアート」「似顔絵」や、ブランドのロゴ・デザインと酷似している商品も出品を禁止しています。

▲トップへ戻る

2.キャラクター生地を利用した商品は出品可能ですか？

A.出品できません

知的財産権を侵害する商品に該当する可能性があるため、出品を禁止しています。

▲トップへ戻る

3.生地や素材を出品する場合、キャラクターがプリントされているものは出品可能ですか？

A.出品できます

3.生地や素材を出品する場合、キャラクターがプリントされているものは出品可能ですか？

A.出品できます

自作の生地・素材ではなく、加工されていない場合は出品可能です。

▲トップへ戻る

4.芸能人の写真を自分で印刷した商品は出品可能ですか？

A.出品できません

知的財産権などの権利を侵害する商品に該当する可能性があるため、出品を禁止しています。

▲トップへ戻る

5.権利者からキャラクター等の利用許可を得ている場合は、出品可能ですか？

A.出品できます

出品許可の証明があれば出品は可能です。その場合、画像掲載に加えて商品説明にもその旨を記載いただきますようお願いします。それがない場合は、商品削除の対象となる可能性がございます。

●必要な情報は全て記載

　メーカーや商品名を記載するのはもちろんですが、ガイドラインで定められている情報は全て記載しましょう。例えばコスメの場合、未開封なら必ず購入時期が、開封後なら開封時期・使用期限の記述がとても大事になってきます。詳細があまり書いていないと、購入者は安心できません。また、保管方法や購入場所なども書いておくと、イメージがしやすく購買欲も湧き、より効果的です。

禁止されているものを出品するとペナルティがある場合も

　禁止されている物を出品する、禁止されている行為をする、取引における迷惑行為をする、といった違反行為がある場合、ペナルティとしてアカウントの利用制限の措置があることも。利用制限は、メルカリから警告の通知があり、出品・購入どちらも一定期間出来なくなることです。利用制限の期間は、違反内容によって異なります。

利用制限ってなに？

メルカリでは、みなさまが安心・安全にお取引できるように、いくつかの行為・出品物を禁止しています。

取引ルールとマナー
禁止されている出品物 / 禁止されている行為 / 取引における迷惑行為

法令に反するものや、社会情勢を鑑みたものなど、様々な背景からこのルールは成り立っています。
これらの違反行為を検知した際に、そのアカウントに対し利用制限の措置をとることがあります。

利用開始時の登録内容によっては、取引をしていない段階でも利用制限がかかることがあります(代理登録、複数アカウントの作成など)。

こちらのガイド記事と合わせて、利用規約 (第 5 条 ユーザー登録の取消等)もご確認ください。

利用制限中は、出品・購入・コメント・いいね

利用制限の期間ってどのくらい？

利用制限の期間は、違反の内容に応じて総合的に判断され、大きく３段階に分けることができます。

- 期間が定められるもの（最大24時間程度のもの、日数が定められるもの）
- 制限解除への判断が伴うもの（本人確認や、詳細なヒアリングを実施
  ※確認の実施後、解除すべきと判断した場合に限り、制限は解除されます）
- 無期限（アカウントの利用停止）

内容によっては、1度目の違反であっても無期限の利用制限となります。
詳細は後述される「無期限の利用制限とは？」の項目をご確認ください。

ホーム　お知らせ　出品　支払い　マイページ

⚠ Check

重大な違反内容の場合は無期限の利用制限になることも

　違反内容が重大だったときや、メルカリのルールを繰り返し守れなかったときは、アカウントが無期限の利用制限となることも。今後メルカリでの取引が出来ない状態になります。無期限の利用制限は解除されることがないため「ヘルプセンター」でメルカリのルールを把握してから取引をするようにしましょう。

無期限の利用制限とは？

違反内容の重大さや、メルカリでのルールを遵守していただけないと判断した場合、アカウントに無期限の利用制限がかかり、今後メルカリでのお取引が行えなくなります。

進行中のお取引は継続してご対応いただき、売上金や購入ポイントは振込申請や払い戻し等のご案内をさせていただきます。

無期限の利用制限となるため、解除される事はございません。

そのような事態にならないためにも、冒頭に記載の**取引ルールとマナー**のリンク先をあらためてご確認ください。

03-22

まとめ買いや取り置き希望をされたら

専用出品対応で出品調整　リスクもある

取り置きにはいくつか種類があります。例えば出品者側が「まとめ買い」を推奨している時。購入者が出品者の商品を見て、他にも欲しいものがあれば同梱し、一緒に送るパターンです。または値段変更の時。そのコメントに対し値引きをした場合は、専用出品とする事もあります。

取り置きとは？？

　取り置きは出品者によって独自に行われている出品方法で、購入希望者がいたら「〇〇様専用出品」などの表示をして、他のユーザーが購入しないようにすることをいいます。例えば出品者が同じ商品を複数個売りたい場合、そのまま購入されるとページに売り切れと表示され、もう一度同じ商品を出品する手間ができてしまいます。しかし、専用出品をすると専用出品の商品だけが売り切れになるので便利な出品方法となります。

⚠ Check

取り置きは自己責任で行う

　ガイドラインにもある通り、取り置きは違反とはされていませんが、推奨もされていません。メルカリでは基本的に購入者を優先しており、何かのトラブルがあっても、運営側では対応してくれません。自己責任となるので注意しましょう。

●あくまで出品者の独自ルール

　出品者が他のフリマサイトでも同じものを出品している場合など、在庫確認のため、取り置きについて「購入前コメント必須」などとプロフィールに記述している人も多いです。それでも「取り置き」という独自ルールには変わりないので、実施するなら、トラブルがあっても対処してもらえないことを念頭に置いておきましょう。

⚠ Check

専用出品時に気をつけることは？

　どうしても専用出品にしたい場合は、自身のプロフィールに念のためルールをしっかりと書くことが大切になってきます。ただ、購入者側からの一方的な「取り置きお願いします」だけのコメントにはお断りするなど、応じないことが重要です。

メルカリガイド

［ どんなことでお困りですか？　🔍 ］

取り置き・専用出品・価格交渉・独自ルール

このガイドでは、取引開始前の商品について「取り置き・専用出品・商品価格の値下げ」を相談された場合の対応方法および**取引に関するルール（独自ルール）**についてご案内いたします。

- 取引に関するルール（はじめにお読みください）
- 取り置き・専用出品
- 商品価格の値下げ

取り置き・専用出品

商品をすぐに購入できない場合、購入希望者から商品の**取り置き**や**専用出品**の相談をされることがあります。

「取り置き」も「専用出品」も承諾いただくことは問題ございませんが、万が一、お約束されていない他の方に購入された場合は、ルールに則って取引を進行してください。

■専用出品（取り置き）とは、お客さま間で独自に行われている出品方法です。

- 特定の購入者に買ってもらうように「○○様専用」などのメッセージや画像を使って出品すること
- 特定の購入者のために他の購入者からの購入をお断りすること

※メルカリには出品中の商品を「取り置き」「専用出品」にする機能はご用意しておりません

取り置きを希望されたときの対処法

　取り置きにはリスクがつきものです。例えば取り置きをしたとして、購入者から何日も返答がない・その購入自体をやめてしまったという場合は、最悪の結果となってしまいます。また、取り置きをしたために本当に買いたい人が買えず、時間の無駄になった…ということも十分に考えられます。

　それでも取り置きをするのなら、出品者が必ず行うべきなのは、プロフィールに取り置きについて記載することと、取り置き専用ページを作ることです。「○○様専用出品」など出品しているページ自体を変更し、そのページを購入者が見て購入ボタンを押して買う、という流れが一般的とされています。

　繰り返しますが、トラブルがあっても運営側には対応してもらえず、自己責任となることを忘れないようにしましょう。

●取り置きしたくない場合

　取り置きは自己責任のため、やりたくない方もいます。取り置きをしない方は、プロフィールや商品説明文に「取り置きはしない」と記載しましょう。○○様専用出品にする場合は24時間以内の購入手続きを促す内容を書いておくと、購入者もわかりやすいです。

⚠ Check

先に購入手続きをした人に優先順位がある

　購入者が出品者のプロフィール記載の独自ルールを守らない場合でも、他ユーザーより先に購入ボタンを押してしまえば、その人が優先されてしまいます。取り置きルールをプロフィール記載するなら、そういったこともよく考えましょう。

まとめ買いを希望されたら

　出品している商品を複数まとめて購入したいと言われる「まとめ買い」を希望されることがあります。まとめ買いに応じる場合は、購入者との綿密なやり取りが重要です。

　例えば、2つの商品のまとめ買いに応じる場合、商品2つの写真1枚目に「〇〇様専用出品」と大きく記載します。これで、他のユーザーが即購入しなくなるので、2つの商品の値下げをしましょう。同梱して送料が安くなるようであれば、購入希望者に同梱しても良いか確認を取り、商品の値段を安くするとお得感があります。

　取り置きと同様、トラブルがあっても運営側には対応してもらえないので、自己責任になります。特に「〇〇様専用」と表示しても他ユーザーが購入してしまう可能性はゼロではありません。何があっても自己責任なので、細心の注意を払って手続きをしましょう。

⚠ Check

同梱で送料が高くなるなら値引きが損なことも

　まとめ買いで送料が高くなる商品であれば、まとめ買いに応じると損をすることがあります。そういった時は、丁重に断りましょう。あくまでも、まとめ買い出来るかどうか決めるのは出品者です。

⚠ Check

購入検討者には丁寧な対応をしよう

　購入者の中には「取り置きやまとめ買いが当たり前」と思っている人も確かに存在するので、無茶な内容でコメントされることもあります。そういった相手にも丁寧にやんわりとお断りできるようにしておきましょう。

利用規約は結構怖い！最近増えている!?メルカリ側の裁量でとんでもないことになる場合も

　利用規約の中の禁止事項に「他の特定のユーザーのみを対象とする販売を意図して商品を出品することができません」とあります。最近、「利用制限中」と購入者が買いたいと思っても良くない出品者として買えないようにする措置のペナルティを受けている人も増えてきました。つまり、本来は「専用」は認められていないのです。メルカリ側の裁量でとんでもないことになる場合もあるということを理解しておく必要があります。

メルカリをお得に楽しみ
便利に使おう

メルカリは出品して売れた売上金に手数料をかけずに、そのま
ま購入時に使うことが出来たり、メルペイとして全国約170万
か所で電子マネーとしても使えます。また、今注目されている
ビットコインに換えて運用が出来たり、コンビニなどのお得な
クーポンをゲット出来たり、メルカリアプリには、売り買いす
るフリマアプリにしておくだけではもったいない、画期的で便
利な機能がいろいろあります。ぜひ使いこなしてみてください。

04-01

売上金を確認する

売上金の確認はマイページから。売上金をチェックしよう

売上金は「販売金額—手数料10％－送料（送料込みで売れた場合）」が販売利益として手元に残ります。売上金が反映されるのは「購入者が受取り評価を済ませ、出品者が購入者を評価したタイミング」です。売上金の確認方法を解説します。

残高履歴から売上金を確認する

1 下部にあるメニューの「マイページ」をタップして残高・ポイントの「残高履歴」をタップ。

2 売れた商品をタップ。

3 詳細が表示される。

⚠ Check

使用状況が一目で分かる

手順1の画面から、売上金だけでなく、メルペイの使用履歴も確認できます。

1 下部にあるメニューの「マイページ」
をタップして商品管理の「出品した
商品」をタップ。

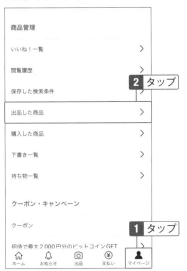

商品管理

いいね！一覧 ＞

閲覧履歴 ＞

2 タップ

保存した検索条件 ＞

出品した商品 ＞

購入した商品 ＞

下書き一覧 ＞

持ち物一覧 ＞

クーポン・キャンペーン

クーポン **1** タップ

祝待で最大2,000円分のビットコインGET

ホーム　お知らせ　出品　支払い　マイページ

2 画面右上の「売却済み」をタップし
て確認したい商品をタップ。

1 タップ

＜　出品した商品

出品中　　取引中　　売却済み

sorayu 後付フロントチャイルドシート用…
¥ 3,777　＞

ドクターシーラボ アクアコラーゲンゲル…
¥ 5,999　＞

SYILUM ホワイトニングクリーム
¥ 1,777　 **2** タップ

bern バーン　NiNA XS-S ホワイト白
¥ 1,800　＞

ラクビ　テーパードパンツ　959210
¥ 1,777　＞

ホーム　お知らせ　出品　支払い　マイページ

3 詳細が表示される。

＜　取引画面

✓ 取引が完了しました

■■さんからの評価　　😊 良かった

今回の売上金　　　　　　　　¥ 770

販売代金の受取について ＞

この商品を削除する

購入者情報

＞

※取引完了後、2週間経過または最新取引メッセージから2週間経過
したため、取引メッセージを非公開にしました。

ホーム　お知らせ　出品　支払い　マイページ

⚠ Check

売れた商品が一覧で表示される

「売却済み」の商品は最大1000件まで確認
できます。1000件を超えると古い順から消去
されます。

メルカリをお得に楽しみ便利に使おう

04-02

売上金をメルカリで使う

手数料なし！売上金でメルカリの商品を買おう

売上金はメルカリの商品購入に使えます。クレジットカードや銀行口座の登録がいらないので、未成年でも簡単にメルカリでお買いものができます。また、本人確認の手続きをすれば「ポイント購入」の必要がなくそのまま売上金を利用できるので、本人確認を済ませてからのお買いものがおすすめです。

メルカリの商品を買う

1 買いたい商品ページから「購入手続きへ」をタップ。

2 「メルペイ残高の使用」をタップ。

💡 Hint

ほかの支払い方法と併用できる

手順3の画面で「一部使用する」を選択することで、売上金を一部のみ使うこともできます。本人確認済みであれば売上金は使用期限がありません。メルペイ残高はお店でも使えるので、上手にやりくりすると良いでしょう。

3 「全て使用する」をタップして「設定する」をタップ。

4 配送先が正しいか確認できたら「購入する」をタップして購入完了。

04-03

売上金を銀行へ送金する

手数料はかかるが自由度の高い現金化

売上金が現金として銀行口座に振り込まれたら、使い道に困ることはありません。お給料のようにすぐに現金化したい方におすすめの利用方法です。注意点としては手数料に200円かかるため、なるべくまとまった金額を送金すると良いでしょう。

売上金を指定口座へ送金する

1 下部にあるメニューの「マイページ」をタップして残高・ポイントの「振込申請」をタップ。

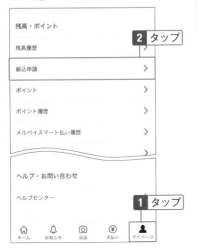

2 「振込申請して現金を受け取る」をタップ。

3 パスコードを入力する。

4 振込先指定口座を入力する。

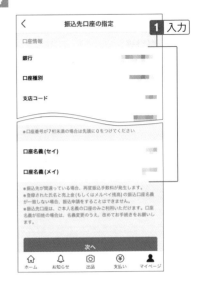

04

メルカリをお得に楽しみ便利に使おう

取り扱う金融機関が豊富

メガバンク・ゆうちょはもちろん、ネット銀行・外国銀行・信用金庫・JAバンクも登録可能です。

5 「次へ」をタップして口座情報を確認後、「はい」を選択する。

6 振り込んで欲しい金額を「振込申請金額」に入力する。その後「振込申請金額」から200円引かれた「振込金額」を確認して「確認する」をタップ。

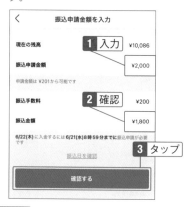

ゆうちょ銀行の場合

ゆうちょ銀行の場合は「お急ぎ振込を利用しない」または「お急ぎ振込を利用する」を選択します。

振込日は金融機関によって異なる

「振込申請金額を入力」ページ（手順6の画面）で「振込日を確認」をタップすれば、金融機関ごとに振込まれる日が分かります。

7 「振込手数料が¥200かかります。振込申請してよろしいですか？」とポップアップされるので「はい」をタップ。

8 申請内容を確認後、「振込申請をする」をタップして振込申請完了。

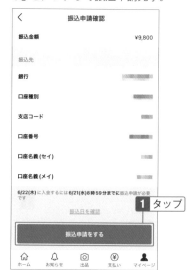

04-04

メルペイとは？

メルペイは全国170万カ所で使える電子マネー

「メルペイ」とは、メルカリの子会社「株式会社メルペイ」が提供するメルカリアプリを使った決済サービスです。メルカリの売上で購入したポイントや、売上金から自動チャージされたメルペイ残高がメルペイ加盟店でのお買いものに利用できます。

お店でメルペイを使う：コードを提示して利用する方法

1 画面下部のメニューで「支払い」をタップ。

1 タップ

> ⚠ Check
>
> **メルペイはどこで使える？**
> メルペイはiD決済対応のお店・メルペイコード決済に対応のお店・一部のネットショップで使えます。

2 メルペイ残高を確認してバーコードを読み込んでもらう。QRコードが必要なお店は、バーコード下の小さなQRコードをタップして読み込んでもらえば支払い完了。

1 画面下部のメニューで「支払い」を
タップし、バーコード下の中央、ス
キャンマークをタップ。

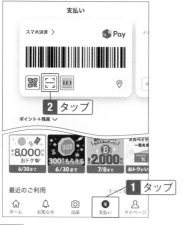

2 店頭のコードを読み取って、金額を
入力する。金額をレジで確認しても
らい支払い完了。

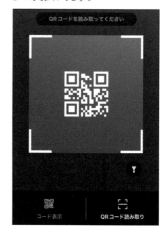

⚠ **Check**

カメラへのアクセスを許可する
ATMチャージや出品時もカメラのアクセス許可は必要です。

メルペイをチャージする：セブン銀行ATMを利用して現金でチャージする方法

1 画面下部のメニューで「支払い」を
タップして「残高にチャージ」を
タップ。

2 「セブン銀行ATM」をタップ。

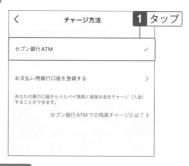

⚠ **Check**

セブン銀行ATMでチャージするには
セブン銀行ATMでのチャージは「アプリで
かんたん本人確認」か「お支払い用銀行口座の
登録」が必要です。

3 「チャージする」をタップ。

1 タップ

⚠ **Check**

最低/上限入金金額は?

最低入金金額は、¥1,000/回で千円単位で入金できます。1日の入金上限金額は¥99,000です。

4 記載内容を確認し「QRコードを読み取る」をタップ。

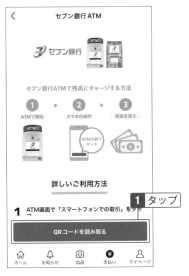

1 タップ

5 セブン銀行ATMで「スマートフォンでの取引」をタッチ。

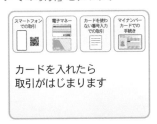

6 ATMの画面に表示されているQRコードをスマートフォンで読み取り、「次へ」をタッチ。

7 スマートフォン画面に表示されている企業番号をATM画面に入力し、「次へ」をタッチ。

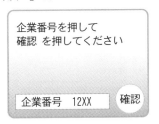

8 ATM画面の指示にしたがって、現金を投入してチャージ完了。

04

メルカリをお得に楽しみ便利に使おう

185

メルペイをチャージする：メルペイに口座登録してチャージする方法

1 画面下部のメニューで「マイページ」をタップ。

2 「増やす」をタップして「チャージ」をタップ。

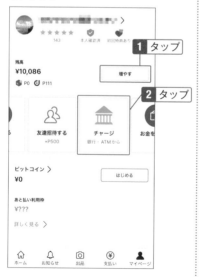

3 「チャージ方法」をタップ。

4 「お支払い用銀行口座を登録する」をタップ。

5 「次に進む」をタップ。

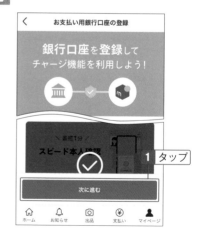

6 金融機関を選択し、口座情報を登録する。案内に従って支店や口座番号、暗証番号などを入力する。最後に「登録完了画面」が表示されれば口座の登録は完了。

8 「チャージ方法」をタップ。

9 登録した銀行をタップ。

7 画面下部のメニューで「マイページ」をタップし、「増やす」をタップして「チャージ」をタップ。

10 「チャージ（入金）金額」をタップしてチャージ金額を入力する。ページ下部の「チャージする」をタップしてチャージ完了。

💡 **Hint**

たくさんチャージしたい人におすすめ

　最低入金金額は¥1,000/回とセブンATMチャージと変わりませんが、1日の入金限度額は¥200,000とセブンATMよりチャージできる金額が大きくなっています。

04-05

ビットコインに変える

メルペイ残高やポイントでビットコイン取引ができる

ビットコインを売買できる「ビットコイン取引」とは、メルカリの子会社「株式会社メルコイン」が提供するメルカリアプリの機能です。メルカリで得た売上金やポイントでビットコインを購入できます。

ビットコイン取引を始める

1 画面下部のメニューで「マイページ」をタップして「ビットコイン」の「はじめる」をタップ。

2 記載内容を確認し、「はじめる」をタップ。

⚠ Check

ビットコイン取引ができる人

以下の3つの条件を全て満たす必要があります。

・日本に住んでいる
・アプリでかんたん本人確認が完了している
・利用手続きの時点で20歳以上75歳未満である

⚠ Check

ビットコイン取引はアプリのみ

ビットコイン取引はPCやブラウザ上では利用できません。

📖 Note

ビットコインとは？

ビットコインとは、仮想通貨の一種で「インターネット上の取引で使われる通貨」のことです。日本円のお札のような実物はありません。しかし、実店舗やネットショッピングなどにも使えます。

3 申込手順の画面で「認証の設定へ進む」をタップし事前準備を完了させる。

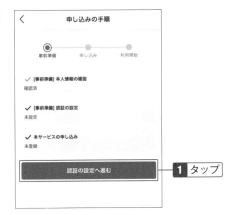

1 タップ

ビットコインを買う：メルペイ残高から買う場合

1 画面下部のメニューで「マイページ」をタップして「ビットコイン」の「買う」をタップ。

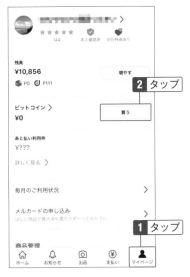

2 タップ

1 タップ

⚠ Check

ビットコインは稼げる？

買ったときの価格より高い価格で売ると利益が出ますが、逆に低い価格で売ると損失が出ます。

ビットコインは、プラスにもマイナスにも大きく変動する可能性のある資産です。

2 ビットコインの画面で「チャージ」をタップ。

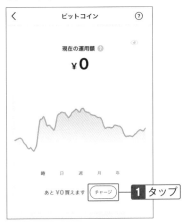

1 タップ

3 「メルペイ残高（売上金）」をタップ。

1 タップ

04

メルカリをお得に楽しみ便利に使おう

189

4 チャージする金額を入力し、「チャージする」をタップ。

5 チャージができたらビットコインの画面に戻るので、「買う」をタップ。

6 購入可能額以下の金額を入力し、「購入額の確認へ」をタップ。

7 購入額の確認画面でチャージ残高・ポイント使用額・ビットコインの購入量を確認し、「この内容で購入する」をタップしてビットコインの購入完了。

⚠ Check

ビットコインは常に価格が変動する

　ビットコインは24時間常に市場価格が変動するため、購入時には5秒ごとに価格が更新されます。

ビットコインを買う：銀行口座から買う場合

1 画面下部のメニューで「マイページ」をタップして「ビットコイン」の「買う」をタップ。

2 ビットコインの画面で「チャージ」をタップ。

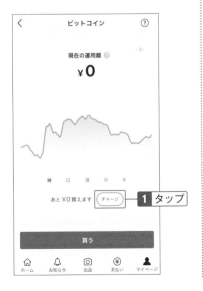

3 「銀行口座の登録」をタップ。

4 記載内容を確認し、「次に進む」をタップ。

5 銀行口座を登録する。

メルカリをお得に楽しみ便利に使おう

191

6 チャージする金額を入力し、「チャージする」をタップ。

7 チャージができたらビットコインの画面に戻るので、「買う」をタップ。

8 購入可能額以下の金額を入力し、「購入額の確認へ」をタップ。

9 購入額の確認画面でチャージ残高・ポイント使用額・ビットコインの購入量を確認し、「この内容で購入する」をタップしてビットコインの購入完了。

ビットコインを売る

1 画面下部のメニューで「マイページ」をタップし、「ビットコイン」をタップ。

2 ビットコインの画面で「売る」をタップ。

4 ビットコインの売却量を確認し、「この内容で売却する」をタップ。

5 「お買い物用に移す」か「ビットコイン取引用に残す」どちらかを選択し、売却完了。

3 売却可能額以下の金額を入力し、「売却額の確認へ」をタップ。

04

メルカリをお得に楽しみ便利に使おう

メルカードとは？

【作りやすい】【お得がいっぱい】【防犯面もばっちり】のクレジットカード

メルカードとは、メルカリの子会社「株式会社メルペイ」が発行するクレジットカードです。年会費は永年無料で、実際にカードが届くだけでなくデジタルでも利用できます。メルカリユーザーにはいったいどのような特典があるのでしょうか。詳しく解説していきます。

メルカードの概要

カード名	メルカード
年会費	永年無料
ポイント還元率	1〜12%
カードブランド	JCB
対象者	20歳以上の人
利用限度額	最大50万円／月
付帯保険	カード不正利用補償

メルカードのメリット①：メルカードはメルカリユーザーが得する特典が満載

メルカード1番の魅力は、メルカリでお買い物をしたとき豊富にポイントが貯まることです。ポイント還元率は1～4%と幅広く、メルカリの利用実績をもとに還元率が決まります。そのためメルカリを利用すればするほどお得になる仕組みなのです。

また、毎月8日は通常の還元率に加えて8%が上乗せされます。

🔍 Hint

「ポイント還元率1～4%」どうやって決まる？

メルカリの利用実績で決まるポイント還元率ですが、どれくらい利用したらポイントアップされるのか詳細は公表されていません。「月に〇〇円以上のメルカリ利用でポイントアップ」とルールがあったら分かりやすいのですが、今のところポイントアップの条件を知る方法はありません。ただし還元率ダウンにおいては、「取引キャンセルや決済が取り消された場合などには、メルカリ購入還元率が下がることがあります。」と公式にて公表されています。

🔍 Hint

メルカリ以外のお買い物でもポイントが付く

メルカリ以外のお買いものでも1%ポイントが還元されます。さらに毎月8日のポイントアップも適用され、1%プラス8%が還元されます。毎月8日はどこでお買い物をしても大変お得なので、積極的にメルカードを使うと良いでしょう。

⚠ Check

毎月8日のポイントアップデーは付加ポイント上限あり

毎月8日は通常のポイントに加え8%、最大12%ポイント還元されますが、還元されるポイントの上限は「300ポイント」と決まっています。還元率を計算しながらお買い物をすれば、無駄なくポイントが還元されます。

⚠ Check

毎月8日のポイントアップにはエントリーを忘れずに

毎月8日のお買い物でポイントを8%アップさせるには、キャンペーンのエントリーが必須です。毎月1～8日の間にメルカリアプリにてエントリーを行いましょう。メルカードを持っていてもエントリーし忘れてしまうと、ポイントアップが適用されません。

⚠ Check

メルカード利用のポイントは有効期限あり

メルカードを利用することで貯まるポイントを「無償ポイント」と呼びます。無償ポイントの有効期限は、ポイント付与日から365日です。

メルカードのメリット②：支払い方法が選べる

　クレジットカードといえば銀行引き落としが一般的ですが、メルカードの支払い方法は4通りにも及びます。ひとつずつ解説していきます。

❶**銀行口座引き落とし**……6日・11日・16日・21日・26日のいずれかの日を指定し自動で支払う方法です。手数料無料。

❷**メルペイ残高**……アプリ内にある「メルペイ残高」や「メルカリポイント」で支払う方法です。支払日は自分のタイミングでOK。手数料は無料です。

❸**コンビニ/ATM**……コンビニエンスストアやATMから現金で支払う方法です。支払日は自分のタイミングでOK。手数料は220〜880円かかります。

❹**定額払い**……商品ごとに毎月決まった金額で支払う方法です。手数料は年率15.0%かかります。

支払い方法	支払い日	手数料	条件
銀行口座引き落とし	6日・11日・16日・21日・26日のいずれか指定	無料	・お支払い用銀行口座の登録 ・アプリでかんたん本人確認済み
メルペイ残高 / メルカリポイント	好きなタイミング	無料	・お支払い用銀行口座の登録 ・アプリでかんたん本人確認済み
コンビニ /ATM	好きなタイミング	220〜880円	なし
定額払い	6日、11日、16日、21日、26日のいずれか指定	年率15.0%	元金＋手数料合計で毎月1,000円から任意で金額設定する

💡 **Hint**

銀行口座引き落としがおすすめ
　「支払い方法がたくさんあって迷ってしまう」という方は特別な理由がない限り、ほかのクレジットカードと同じ「銀行口座引き落とし」がおすすめです。払い忘れがなく、手数料無料のためノーリスクといえるでしょう。

メルカードのメリット③：ナンバーレスカードが届く

メルカードはナンバーレスカードとなっており「カード番号・有効期限・セキュリティコード」など重要なカード情報は記載されていません。必要な情報はすべて、メルカリのアプリ内での確認となるため防犯性の高いカードといえます。

メルカードのメリット④：メルカードを利用すればすぐにお知らせが届く

メルカードで支払った際は、タイムリーに「メルカードアプリ」または「メール」にお知らせが届きます。不正利用などの防犯面や、今月いくら使ったかなど家計管理にも役立ちます。

メルカードのメリット⑤：アプリで利用停止・再開できる

不正利用が疑われる場合やカードを紛失した場合、通常であればクレジットカード会社に利用停止の電話をする必要があります。しかしメルカードなら、アプリ内ですぐに利用停止することが可能です。利用再開もアプリ内でできるので、メルカードの安全性が確認できたら自分のタイミングで行えます。

メルカードのメリット⑥：発行審査はメルカリの利用実績

通常クレジットカードの与信は年齢や年収、職業など個人情報から決まるものですが、メルカードはメルカリやメルペイの利用実績で決まります。さまざまな事情で「なかなかクレジットカードの審査が通らない」という方でも、審査の通りやすいクレジットカードと予想されます。

▲メルカードの公式LINEでは、メルカードが自分に合っているか、どのくらいお得になるかを診断できる。

1 下部にあるメニューの「支払い」を
タップして画面上部で「メルカード」
が表示されるまでスワイプ。

2 「申し込む」をタップ。

3 記載内容を確認して「申し込む」を
タップ。

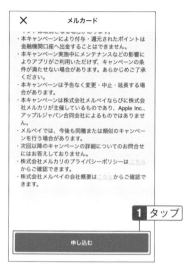

4 記載内容を確認して「上記利用規約
等及びメルカリの支払い方法変更に
同意します」にチェックを入れ、「同
意して次へ」をタップ。

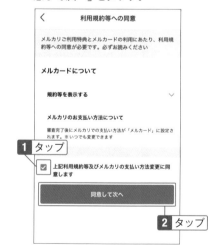

5 登録してある電話番号に6桁の認証番号が届くので入力し、「認証して完了する」をタップ。

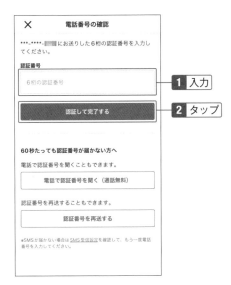

1 入力

2 タップ

⚠️ **Check**

認証番号が届かない場合

　画面下部の「電話で認証番号を聞く（通話無料）」または「認証番号を再送する」をタップして、認証番号を確認しましょう。

　次の画面では、カード申し込みに必要な情報を入力します。間違いがないよう、注意してください。
　最後に、カードの届け先の確認と決済用の暗証番号を決めます。入力が完了したら、申し込み手続きは終了です。申し込み後、受付が完了したことを伝える内容と審査が始まる旨の報告が、メルカリの個別メッセージに届きます。

⚠️ **Check**

メルカードが届いたら

　メルカードは審査通過後、4〜7日で普通郵便にて発送されます。メルカードが手元に届いたら初期設定をしましょう。初期設定は審査通過後90日以内です。期限内に初期設定を行わないとメルカードは解約され、再度申込みが必要になります。

📝 **Note**

無償ポイント

　メルカードの利用で還元されたポイントを「無償ポイント」と呼びます。無償ポイントは、「メルカードの支払い」「メルカリ」「メルペイでの買い物」「メルペイの後払いの支払い」に利用できます。

⚠️ **Check**

メルカード利用のポイントは有効期限あり

　無償ポイントの有効期限は、ポイント付与日から365日です。忘れずに使用しましょう。

メルカリをお得に楽しみ便利に使おう

04-07

その他の便利な支払い

メルカリアプリでできるいろんな支払い

メルカリではほかの電子マネーと同じように、あらゆるお金のやりとりができます。近年たくさんの機能が増えたため「こんなに便利になったんだ！」と驚く方も多いでしょう。使い道を把握すれば生活が便利になること間違いありません。便利な支払い方法7つをひとつずつ詳しく解説します。

iDを使った支払い方法

1 スマホの指紋認証もしくは顔認証を行ったあと、レジのカードリーダーに音が鳴るまでかざす。

> 📋 **Note**
>
> ### 「iD」とは
>
> 「iD」とは"iD"のマークのあるお店や自販機で決済できる電子マネーです。有人レジなら、まず支払いがiDであることを伝えましょう。
> iD決済はメルペイ残高かポイントを使って支払われます。残高不足だと決済は完了しませんので、売上金がなければチャージしましょう。

⚠️ **Check**

スマホのどこをカードリーダーにかざす？

スマホのカメラ付近をめがけてカードリーダーにかざすと、iDのデータを読み込みやすくなります。

1 「支払い」をタップし、画面上部のカード画面を「その他の便利な支払い」までスワイプしてから「すべて見る」をタップ。

2 「おくる・もらう」をタップ。

3 「設定をはじめる」をタップ。

4 アイコン・メルペイ表示名を設定し、「登録する」をタップ。

⚠ Check

おくったりもらったりできる

メルペイ残高は自分で使うだけでなく、人におくったり、またはもらうことができます。

⚠ Check

キャンペーンでもらったポイントもおくれる?

おくれるのは、メルペイ残高と売上金から購入するポイントのみです。友達招待やキャンペーンなどでもらったポイントはおくれません。

04

メルカリをお得に楽しみ便利に使おう

メルペイ残高をおくる

1 「支払い」をタップし、画面上部のカード画面を「その他の便利な支払い」までスワイプしてから「すべて見る」をタップ

2 「おくる・もらう」をタップ。

3 「友達におくる」をタップ。

4 メルペイ残高以内の金額・メッセージ（任意）を記入し、カードデザインを選んだら「次へ」をタップ。

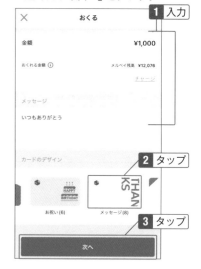

⚠️ **Check**

おくれる上限額

「本人確認済み」であれば、1回あたりのおくる上限→100,000円分（1日におくれる上限も100,000円分）です。メルペイ残高のみおくれます。

「本人確認なし」の場合は、1回あたりのおくる上限→5,000円分（1ヶ月におくれるも上限5,000円分）です。売上金から購入するポイントのみ、おくることができます。

5 内容を確認し、「決定する」をタップ。

6 メルペイで設定したパスコードを入力する。

7 自分の電話番号あてに送られてきた認証番号を入力する。

8 「リンクをおくる」をタップし、受取リンクを送りたい相手にシェアする。

9 おくった相手から確認依頼が届いたら、承認して完了。

⚠ **Check**

もらうときにすること

　メルペイ残高やポイントの受け取り側となったときは、「受取リンク」を相手に送ってもらいます。リンクを開き、受け取り確認依頼を送って完了です。

1 「支払い」をタップし、画面上部の
カード画面を「その他の便利な支払
い」までスワイプしてから「すべて
見る」をタップ。

💡Hint

寄付もできる

　メルカリ残高を使って、国内外のあらゆる団
体や協会に寄付できます。力になりたいと思っ
たとき、スマホひとつで寄付できることが魅力
です。

2 「メルカリ寄付」をタップ。

3 寄付先一覧から、寄付先を選びタッ
プ。

4 内容を確認し、「寄付（支払い）金額」を記入して、チェックを入れる。最後に「寄付する」をタップ。

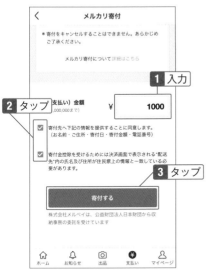

5 名前/住所情報の共有内容を確認し、「許可する」をタップ。

6 寄付金額・配送先を確認し、問題が無ければ「確認画面へ」をタップ。

7 表示された情報を確認し、間違いがなければ、「支払う」をタップして寄付完了。

> **⚠ Check**
>
> **ポイントは寄付できない**
>
> 　寄付できるのはメルペイ残高のみです。したがって、寄付には本人確認が必須となります。

1 「支払い」をタップし、画面上部のカード画面を「その他の便利な支払い」までスワイプしてから「すべて見る」をタップ。

Note

バーチャルカードとは

　「バーチャルカード」とは、インターネット上でのお買い物専用のカードです。アプリ上に表示されるカード番号を使って、オンラインのMastercard加盟店でお買い物ができます。入会金・年会費は無料で発行されます。

Check

メルペイスマート払いの設定が必要

　バーチャルカードの発行には、メルペイスマート払いの設定が必要です。SECTION 04-08で解説しています。

2 「バーチャルカード」をタップ。

3 案内表示を確認し「次へ」をタップ。

4 「メルペイ電子マネー特約」の内容を確認し、「詳しく見る」をタップ。

6 メルペイで設定したパスコードを入力。

5 自分の電話番号あてに送られてきた認証番号を入力する。

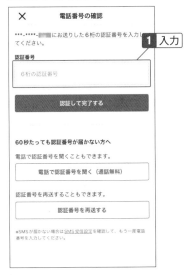

7 発行が完了する。

⚠ Check

バーチャルカードが使えるお店
　バーチャルカードは街のお店では利用できず、オンラインショップ限定で使えます。

04

メルカリをお得に楽しみ便利に使おう

1 欲しい商品の出品画面で「購入手続きへ」をタップ。

2 「支払い方法」をタップ。

3 「＋新しいクレジットカードを登録する」をタップ。

4 バンドルカードの情報を入力し、「登録する」をタップ。

5 購入手続き画面に誤りがないか確認し、「購入する」をタップして完了。

1 ネットショッピングの購入画面で「メルペイ」を選択。

ネットショッピングにも使える

メルペイはネットショッピングにも利用できます。ここではネットショップ「fifth」を例に解説します。

2 画面をスクロールし、「確定する」をタップ。

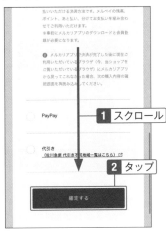

3 購入内容を確認し「メルペイ（残高払い・あと払い）でお支払い」をタップして完了。

メルペイスマートとは？

後払いのメルペイスマートでさらに支払いがラクラク

売上やチャージで支払いができる前払いのメルペイに対し、メルペイスマートは後払いができる決済サービスで、クレジットカードに近い使い方です。「メルペイのあと払い」とも呼ばれています。メルペイ残高が不足していても、その時に欲しい物が買えるのが魅力です。給料日後なら買えるのに！というときでも、我慢したり取り置きしなくても済みます。

メルペイがさらに便利に！メルペイスマートのメリットを解説

　メルペイスマートはメルカリ内の支払い・iD払い・コード払いした1ヶ月分のお買い物代金を、まとめて後払いにできる支払い方法です。清算は翌月1回だけ。足りない分を何度もチャージするより手間がなく、残高を気にする必要がありません。

　また、使い過ぎを防ぐため、上限金額を設定できるので安心です。使用した日付・場所・金額がアプリで確認出来るので管理もしやすくなっています。

　なお、利用できるのは18歳以上です。

⚠ Check

清算はどうするの？

　清算は翌月末までにすればOKです。清算方法は「銀行からの自動引き落とし」「残高払い」「コンビニATM払い」が選択できます。

⚠ Check

定額払いもある

　定額払いにすることもできます。ただし、支払う手数料が思ったよりも高く必要になることが多いので、安易に使うのはおすすめできません。計画的に購入してください。

1 下部メニューの「マイページ」を
タップし、「メルペイスマート払い履
歴」をタップ。

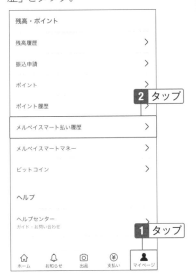

2 確認したい月をタップ。

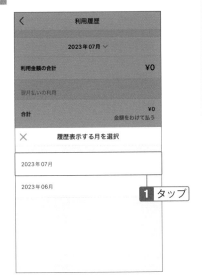

3 月末ごとの履歴が見られる。

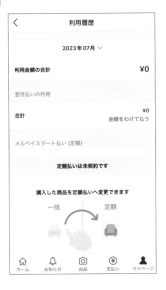

04

メルカリをお得に楽しみ便利に使おう

購入手続き時、「支払い方法」に「メルペイスマート払い」を選択。

メルカリで使える

欲しい商品の購入手続きでメルペイが残高不足のとき、支払い方法で「メルペイスマート払い」にチェックを入れ購入すると、足りない金額は後払いなります。メルペイスマート払いの場合、出品者はすぐに商品を発送することができます。

メルペイスマート払い残枠

支払い画面で「あと払い利用枠」が表示されている場合は、お店での支払い方法がメルペイスマート払いに設定されているということです。

支払い画面の「∨」をタップし「支払い方法」の選択でもメルペイスマート支払いに変更することができます。

上限金額を設定する

下部メニューの「マイページ」をタップし、あと払い利用枠で青字になっている「金額」をタップ。

「上限金額を変更」をタップ。

3 「利用上限金額」を選択し完了。

⚠ **Check**

上限は自分の支払い可能範囲で

　使いすぎを防ぐため上限金額を決められます。上限金額はいつでも変更できますが自分の支払い可能範囲内で設定しましょう。上限はメルカリでの利用額と、お店での利用額を合わせた金額です。また上限額は利用状況などにより変動する場合があります。翌月末までに清算出来なかった場合は延滞利息がつきますので注意しましょう。

清算方法を設定する

1 下部メニューの「マイページ」をタップし、「あと払い利用枠」右の四角のボタンをタップ。

⚠ **Check**

人によって記載が異なる

　四角ボタンには「前月分を支払う」や「引落し日○/○」等の記載があり人によって異なります。

2 「○月利用分を支払う」をタップ、または支払い方法の項目を選択する。

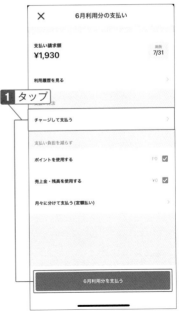

3 支払い方法の設定画面で希望の支払い方法を選択し、設定完了。

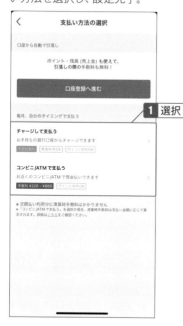

1 選択

計画的に利用しよう

　メルペイスマートを計画的に利用するため、清算方法を決めましょう。メルペイ画面の「使った履歴」から清算方法を設定出来ます。清算方法が設定されていなければ、利用した翌月1日にメルカリから通知がきます。

　一番おすすめなのは、銀行からの自動引き落としです。

　清算日は翌月「11日」「16日」「26日」を選択でき、清算日に自動で引き落としされ支払い作業は不要です。

　また、自動引き落としは手数料が無料で、さらに「残高やポイントを使う」にチェックを入れておくと自動でメルペイ残高とキャンペーンのポイントを併用して清算できます。

　清算が終わったあとはメルカリ内のお知らせにて清算完了の通知が届きます。

手数料が高い!!! オプションの定額払いに注意!!

　メルカリスマート払いのオプションに「定額払い」があります。毎月決まった金額を清算する支払い方法なのですが、手数料が結構かかります。使いすぎないことはもちろん、利用はよく考えてからをおすすめします。

清算方法を「メルペイ残高」にする

　清算方法を「メルペイ残高」設定にすると翌月の1日から月末までの間でいつでも清算できます。

　使った履歴から、清算方法をメルペイ残高払いに設定します。残高が不足していればチャージして払えます。メルペイ残高払いも手数料は無料で、キャンペーンのポイントも使えます。

清算方法を「コンビニ/ATM払い」にする

　「コンビニ/ATM払い」設定も翌月の1日から月末までいつでも現金での清算が可能です。

　使った履歴から、清算方法をコンビニ/ATM払いに設定し、お客様番号を発行してコンビニかATMで清算します。

　また、コンビニ/ATM払いは支払い金額に応じて手数料が220〜880円かかります。

　なお、キャンペーンのポイント利用は可能ですが、メルペイ残高は使えませんので注意しましょう。

メルペイスマートの清算方法一覧

清算方法	清算日	手数料	メルペイ残高利用	キャンペーンポイント	売上金で購入したポイント
銀行自動引き落とし	翌月の11日・16日・26日	無料	○ 不足分は登録の口座から自動的にチャージ（残高・ポイント使用にチェック）	○	×
メルペイ残高	翌月1日〜月末	無料	不足分はチャージする	○	×
コンビニ/ATM	翌月1日〜月末	¥220〜¥880	×	○	×

> ⚠ **Check**
>
> ### セキュリティが心配…
>
> スマホ決済は、スマホを無くした時や不正に使用されたときのことを考えると不安になりますね。
> メルペイスマートの決済時等は、毎回生体認証かパスワードが必要なので万一の時も安心です。
> また、身に覚えの無いログインや決済に気づいた場合、マイページの問い合わせからメルカリへ連絡しましょう。被害防止に必要な措置や、万が一金銭被害が発生した場合、補償を請求することができます。

メルペイスマートマネーで現金の借り入れができる

メルペイスマートマネーという、実際に現金の借り入れができるサービスがあります。メルカリアプリで申し込みができ「メルペイスマート」の名がついていますが、「メルペイスマート払い」とは全く異なるサービスです。満20歳〜70歳の方が対象で、20万円までの少額融資が受けられます。返済は銀行引き落としのほか、メルカリ残高での支払いも可能です。

04-09

メルカリの安心安全への取り組み

メルカリは安全なの？セキュリティ対策について

メルカリは、個人情報やお金のやりとりが必要なサービスです。そのため、売る側も買う側も「なるべく住所や氏名は明かさずにやりとりしたい」「詐欺には遭わないだろうか」と思うのではないでしょうか。メルカリがどのように利用者の安全を守っているか、セキュリティ面について解説します。

お金のやりとりはメルカリが徹底管理

　購入者が商品を買うために支払ったお金は、一時的にメルカリが預かります。そのため「支払いは完了しているのに商品が届かない」「商品を発送したのに代金が支払われない」などのトラブルが起こりにくくなっています。

売る側・買う側の安全を保護している

　メルカリでは登録者の誰もが出品者になることがで
き、お買いものも自由にできます。そのため、全ての人
が安全に取引できるよう「出品者」と「購入者」どちらの
安全も保護しています。また、AIを活用し「利用規約違
反取引」の自動検知に力を入れています。

⚠ Check

違反検知対象の商品例
　ゲームアカウント・偽ブランド・医薬品などが該当します。

双方のレビューが必須のシステム

　メルカリでは、お互いがレビューしない限り取引は完
了しません。そのため、取引をする前に相手方の過去の
取引評価を確認することができたり、自身の評価が下が
らないよう誠実な対応を意識したりする効果がありま
す。

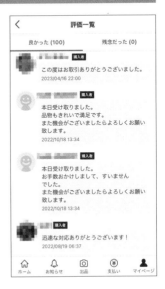

住所を知らせる必要なし！メルカリ便

　メルカリでは、「らくらくメルカリ便」と「ゆうゆうメルカリ便」という発送方法があります。出品者も購入者も、名前や住所を相手に知らせる必要のない発送方法です。また、配送トラブルについてもメルカリが適切にサポートしてくれます。

整備されたカスタマーサービス体制

　メルカリは、365日24時間体制でお問い合わせやトラブルに対応しています。「商品が届かない」「購入者が受け取り評価をしてくれない」などのトラブルがあった場合は、すぐにメルカリ事務局へ問い合わせましょう。
　アプリ内の問い合わせフォームに連絡することで迅速に対応してもらえます。なお、電話によるサポート窓口はありません。

🔍Hint

問い合わせには画像も利用できる

　専用問い合わせフォームでは、画像の添付ができます。画像が添付できることで、言葉では表しづらい問題点やトラブルの説明などに役立ちます。

メルカリは365日24時間パトロール中

　メルカリでは、専門のスタッフが迷惑行為や不正な取引を常にチェックしています。違反行為があった場合は、メルカリの利用制限やアカウントの停止などの処分が行われます。

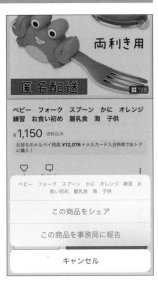

公的機関との連携

　メルカリではトラブルや犯罪を未然に防ぐため、警察・国民生活センター・消費生活センターとの情報交換が行われています。また、メルカリだけでなく業界全体の健全化を目指しており、インターネット知的財産権侵害品流通防止協議会（CIPP）や、EC事業者協議会、全国万引犯罪防止機構等の業界団体に積極的に参加しています。

紹介してポイントゲット

メルカリでポイ活しよう

メルカリには「友達紹介プログラム」があります。登録時に「招待コード」を入力すると、招待した人も招待された人も500ポイントがもらえるお得なキャンペーンです。お得なクーポンやサービスとともに解説します。

招待コードを送る

1 画面下部のメニューの「マイページ」をタップし、「招待して500ポイントゲット」をタップ。

2 画面下部にある「招待してポイントGET」をタップ。

3 LINEやメールで招待コードを送信、またはSNSに投稿して完了。

💡 Hint

たくさん招待してポイントを稼ごう

招待できる人数に制限はありません。紹介すればするほどポイントをゲットできます。

コピーもラクラク

「招待コード」横の「コピーする」をタップすれば、スマホのクリップボードにコピーされます。

ポイントはいつ付与される？

招待された人が登録を完了してから14日以内にポイントが付与されます。

日頃からクーポンをチェックしてメルペイ（ポイント）を貯めておく

　お店を利用すると、翌日にポイント付与で還元されるクーポンがあります。日頃からポイントを貯めておくのも、メルカリをお得に利用できる方法のひとつです。

クーポンの確認方法

　使えるクーポンは画面下部の「支払い」をタップした画面から確認できます。

スキマ時間でポイントを稼ぐ

　2021年に「メルワーク」というポイントが稼げる試験的なシステムがありました。空いている時間に「メルワーク」上のワークを行うことでポイントが付与され、ワークの結果はメルカリのサービス改善に繋がる取り組みです。

　現在は休止中ですが、再開を望む声の多いサービスです。

※サービス詳細についてはメルカリガイド（
https://www.mercari.com/jp/help_center/article/1252/
）をご確認ください。

メルカリは、今後もお客さまにとって利便性の高いサービスの開発・拡充に取り組んでまいります。

[12/7 15:40 Update] 背景を一部訂正しました。

メルカリをもっと活用して稼いでいこう

今までメルカリは個人間の不用品の売り買いだけとされていましたが、メルカリShopsが始まり、お店として出店することが可能になりました。グレーとされていたせどり出品ではなく、仕入れ品や趣味やスキルを活かした商品を並べてネットショップにして、スキマ時間にお小遣い稼ぎしている人もいます。ここでは、副業としてメルカリを始めたい人のために、ネットショップ（メルカリShops）の開設方法や、稼ぐコツ、注意することを紹介します。

05-01

メルカリ Shops とは

個人・法人問わず無料でかんたんに開設できるネットショップ

ネットショップの運営は、個人事業主や小規模事業者にとって管理が大変です。また集客や新規顧客獲得といった、本来の仕事以外に時間を取られてしまうのも悩みの種ではないでしょうか。メルカリ Shops は、ネットショップ運営の未経験者でも簡単にショップ開設・運営できるサービスです。

スマホまたはパソコンから最短３分でお店を開設

　メルカリ Shops では、初期費用・月額費用無料でオンラインショップを開設できます。
　メルカリ同様、売れた商品の 10％が手数料として引かれるだけなので、個人や小規模事業者にとって気軽に始められるサービスです。

📋 Note

集客不要でモノづくりに専念できる環境

　ネットショップを簡単に始められるサービスは多数ありますが、メルカリ Shops の１番の魅力は集客しなくても多くの人に見てもらえることです。
　メルカリ Shops で出品した商品は、毎月 2,000 万人が買い物をしているメルカリ上に掲載されます。

⚠ Check

18 歳未満の未成年はショップの開設不可

　2018 年に行われた民法改正により成人年齢が 18 歳へ引き下げられたため、18 歳未満の未成年はショップの開設ができません。メルカリアカウントにて、メルカリ Shops 内での購入は可能です。

05-02

メルカリ Shops を開設しよう

メルカリアカウントがなくても OK！メルカリユーザーはラクラク開設

現在メルカリアカウントを持っている人は、連携してショップを開設できます。メルカリアカウントを持っていなかったり、将来的にオーナーが変わる可能性があるなら、ショップアカウントでの開設がおすすめです。登録は簡単ですので、順序を確認しながら必要事項を入力していきましょう。

スマホでアカウントを登録する（メルカリアカウントのある個人事業主の例）

1 メルカリアカウントへログイン後、画面左下「ホーム」をタップ。続いて画面上部「ショップ」をタップし、「ショップを開設する」をタップして登録スタート。

2 事業種別をタップ。

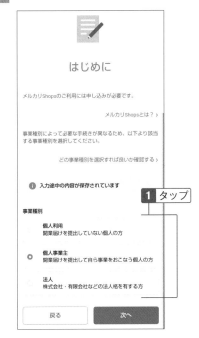

📋 **Note**

メルカリ Shops の登録は簡単

メルカリ Shops はメルカリ同様、スマホ1つでアカウント登録できます。もちろんパソコンからも登録可能。登録はメルカリ Shops サイト（https://shops.mercari.com）にアクセスして行なうことができます。

⚠️ **Check**

メルカリ Shops 登録の事業種別は3種類

①個人：開業届を出していない方
②個人事業主：開業届を出している方
③法人：法人登録している方

3 販売する商品のカテゴリーと、許認可が必要かどうかを選択。

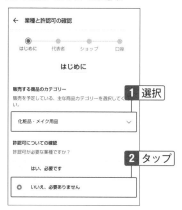

1 選択

2 タップ

4 利用規約やプライバシーへの同意、反社的勢力でないことへの誓約をチェック。

1 タップ

2 タップ

3 タップ

5 本人についての情報を入力 (法人の場合は入力項目が異なる)。

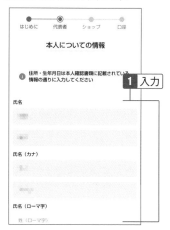

1 入力

6 本人確認書類を選択し、写真をアップロード。事前に撮影した写真があればフォルダから選択。なければ「カメラ」マークをタップして撮影。

1 選択

2 設定

7 ショップ名、どんな商品を取り扱っているかなど、ショップ情報を入力。後から変更できるため、仮の内容でも可。

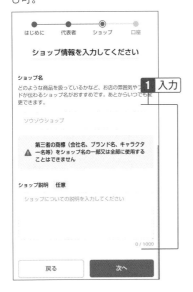

8 ショップの運営者について入力。運営者の情報として開示される内容なので、間違いのないよう入力。

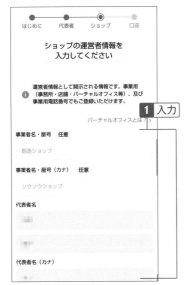

自宅住所を開示したくない場合は、個人に限り非公開も可能

メルカリShopsでは、特定商取引法に基づき購入者が希望した場合、出品者情報が開示されます。ただし、運営者が「個人」「個人事業主」のショップに限り住所と電話番号を非公開にできます。自宅住所と電話番号の代わりに、株式会社ソウゾウ（メルカリShops運営会社）の住所・電話番号が表示されるサービスです。

❶ マイページをタップ
❷ 右上「ショップの管理」をタップ
❸「設定」をタップ
❹「ショップ情報の編集」をタップ
❺「ショップの公開／非公開」項目で「非公開」を選ぶ。

9 ショップの対応時間や支払い方法などを入力。

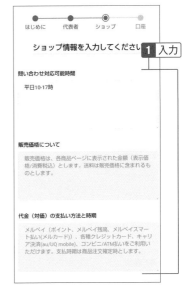

10 売上金の振込先口座を登録。メルカリアカウントとは別の口座でも登録可能。

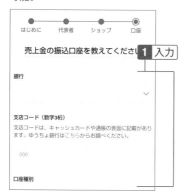

11 すべての入力内容を確認し、「同意してお申し込み完了」をタップ。

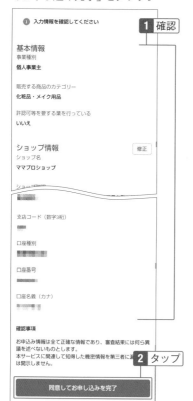

12 「閉じる」をタップ。その後、登録したメールアドレスに申し込み完了メールが届いたら利用開始。

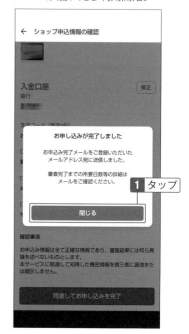

⚠ Check

すぐに届かない場合もある

完了メールが届くまで、数営業日かかる場合もあります。

05-03

「メルカリ」と「メルカリShops」のちがい

「メルカリShops」だけの機能は？「メルカリ」との違いを知ろう

「メルカリ」は法人としてアカウント登録ができませんが、「メルカリShops」は、法人・個人・個人事業主どれでもアカウント登録ができます。ほかにもメルカリShopsならではの機能がいくつかあるので、どちらが自身の運営に合っているのか見極めましょう。

特定商取引法に基づき販売者情報が掲載される

　匿名での取り引きが可能なメルカリですが、メルカリ Shops では、特定商取引法に基づき購入者が希望した場合、出品者情報が開示されます。ただし、「個人」「個人事業主」のショップは住所・電話番号に関しては非公開設定にできます。

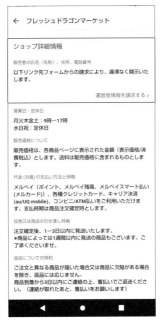

⚠ Check

売上金の振り込みルールがあるメルカリ Shops
　メルカリ Shops では、月末締め、翌月10日に売上金が振り込まれるようになっています。振り込み最低額は 5,000円となっており、5,000円未満の場合は翌月に繰り越されます。

必ず確認しておきたい発送方法の種類

　メルカリShopsでは、発送方法や配送業者を自由に選べます。普段取引をしている運送業者に依頼することもできますし、メルカリ便を利用する場合は、「らくらくメルカリ便」と「クールメルカリ便」が利用可能です。ただし「ゆうゆうメルカリ便」は非対応のため、注意が必要です。

💡 Hint

コメント設定で過度な値下げ交渉に悩まされる心配なし

　「メルカリ」では、コメントでの値下げ交渉があり、ときにはやり取りに時間がかかってしまうことも。
　「メルカリShops」ではコメントの設定ができるため、値下げ交渉や必要以上の問い合わせを受け付けないようにできます。

在庫管理しながら出品できるメルカリShops

　メルカリでは、商品ごとに出品ページを作成する必要があるため、全く同じ商品でも出品ごとにページを新たにつくることになります。
　メルカリShopsの場合、1つの商品に対して在庫登録ができます。
　同じ商品を何度も出品する手間がかからないため、在庫管理しやすいのが特徴です。

⚠ Check

中古品を販売する場合「古物商許可証」の取得が必要

　メルカリでは自宅の不用品を売ることを目的としているため、商売である「古物商」には該当しません。
　しかしメルカリShopsでは利益目的での販売となるため、「古物商許可証」の取得が必要です。

複数人でアカウント管理ができるメルカリShops

　「メルカリ」では、原則1人1アカウントとなっています。「メルカリShops」は複数人で管理できるため、役割分担してショップを運営できます。権限によって対応できる操作が変わるので、設定内容を確認しておきましょう。

05-04

出品商品をSNSで宣伝して売上につなげよう

出品した商品を一人でも多くの人に見つけてもらおう

日本最大のフリマサービス「メルカリ」では、常に誰かが出品している状態です。どんなに魅力的な商品でも、出品していることを知ってもらわなければ売れることはありません。出品している商品を見つけてもらうための有効な手段が、SNSでの宣伝です。

出品商品ページのシェア方法

1 出品完了画面で「商品をシェアする」をタップ。出品してから時間がたっている商品は、宣伝したい商品を選び右上のシェアボタンをタップ。

2 シェアするSNSのアイコンをタップして選択。SNSの画面が表示されるので投稿する。

🔎 Hint

必要な文章だけコピーしてシェア

シェアボタンをタップすると投稿画面が表示されますが、招待リンクのURLが含まれています。他にも不要な文章が入っていると感じる方は、必要な部分だけコピーして貼り付けるのがおすすめ。

1 プロフィールページの右上のメ
ニューアイコンをタップし、表示さ
れたメニューで「プロフィールシェ
ア」をタップ。

1 タップ

💡 **Hint**

誰かに購入を頼むときは LINE でシェアするのが便利

　商品情報を身内や友人など、限られた人に
のみシェアしたい場合は、LINEを利用するの
も良いですよ。

💡 **Hint**

プロフィールのシェアは相手にバレない

　他人のプロフィールを誰かにシェアしても、その人にシェアしたことは伝わりません。
　メルカリでは常に新しい商品がどんどん出品されているので、同じ商品を後から探すのは大変です。
　シェアしておくことは、目的の商品に再びアクセスするための有効な手段です。

05-05

ハンドメイド作品を出品して副業に挑戦してみよう

副業時代到来！？初心者が始めやすいハンドメイド副業

ハンドメイド商品の販売は、ネットショップやハンドメイドマーケットプレイス、またフリーマーケットなどで売ることがほとんどです。メルカリShopsでは、月間2,000万人以上の利用者に自分の作品をアピールできるため、売上につながりやすいのが魅力の一つです。

どんな人がハンドメイド副業に向いてる？

「ハンドメイドが好き」「過去にハンドメイド作品を売ったことがある」人は、作品作りを無理なく楽しめるでしょう。ジャンルの需要と供給、価格帯をリサーチし、こまめに再出品するなど、制作以外にもすることが多いので、ある程度時間に余裕がある人におすすめです。

どんなハンドメイド商品が売れるの？

ハンドメイド商品は、特に主婦や子育て中の女性からの需要が多いです。比較的売れやすいのは、アクセサリーやベビー・キッズグッズ、ペット用の服や人形の服など、市販のものとは違うオリジナル商品が求められる傾向があります。「子供にハンドメイドのものを持たせたいけど、自分で作るのはちょっと難しい」という人向けの商品も狙い目です。

ハンドメイド商品を売るときの注意

2020年9月1日のガイド改定により、「知的財産権（著作権は知的財産権に含まれる権利）」を侵害するハンドメイド作品の出品がNGとなりました。キャラクターやブランドのロゴを模したアイテム、また「○○風」とうたったアイテムは、商標権違反で逮捕されてしまうことになりかねません。

キャラクターの無断利用は違法

　キャラクターがプリントされている生地を使って、ハンドメイド作品を制作すること自体は問題ではありません。しかし営利目的でキャラクターを無断利用すると、著作権に違反します。ハンドメイドマーケットでも、明確に販売を禁止しているところが増えてきました。

キティちゃん　手提げ、上履き袋セット
¥1,999 送料込み

> ⚠ Check
>
> **芸能人やキャラクターをイメージした商品も出品禁止**
> 　自分が描いたものでも、イラストや似顔絵、ブランドのロゴやデザインと酷似している商品は、出品が禁止されています。

柄やパターンを使ったハンドメイド作品も注意！

　代表的なもので言えば、「マリメッコ」「リバティ」が違法になる可能性があります。もちろんロゴを使用するのもNGです。
　ストライプ柄やボーダー柄など、著作権のないものを使用するようにしましょう。
　その他、芸能人の写真を使った偽物グッズも「パブリシティ権」の侵害となり販売NGです。

ハンドメイド イチゴ マリメッコ
¥2,999 送料込み

> ⚠ Check
>
> **生地や素材の出品はOK！**
> 　キャラクターやマリメッコなどの柄の生地のみは、販売できます。自分で手を加えず、そのままの状態で出品することがポイントになります。

ハンドメイドは売れる時間・時期がある？

　ハンドメイド商品を購入する人は、主婦やOLなど、比較的女性が多いです。
　メルカリでは、出品された順に下から並ぶので、最新に目が留まる時間帯に出品するのが効果的です。学生や会社勤めの人向け商品には、お昼休みや通学・通勤時間、主婦向けには、子どものお昼寝時間や夜〜深夜までの時間に出品するとよく売れます。
　新入学時は、上靴入れなど季節限定で注目されるものもあります。

セット販売と仕入れのポイント

売れるコツはセット販売！不足分を補って売上につなげよう

メルカリで出品するときに、セットで売るかバラで売るか、迷ったことはありませんか。何も考えずに出品すると、売れなかったり送料が高くついたりして利益が少なくなることがあります。どんな商品がセット販売に向いているのか、出品の際に気を付けたいことなどを紹介します。

セット販売の方が売れやすいもの

元々セット販売されている商品は、単品では売れにくい傾向があります。シリーズもののDVDや本の上下巻、コスメの限定セットなどは、まずはセットで販売して様子をみてみましょう。

商品にもよりますが、セットで売れると送料が抑えられることもあります。

セット商品の不足分を買い足して、揃えてから出品

5冊シリーズの本で4冊しかないといったような場合は、足りない商品をメルカリやリサイクルショップで購入してセット商品を作って販売することをおすすめします。不足分があったりバラ売りよりも、手間はかかりますがセット販売の方が断然売れやすいです。

セット商品は写真が重要！見てわかるように意識して出品

　セット内容が写真1枚におさまるように撮影し、一目見ただけでセット商品だと伝わることが重要です。商品名がはっきりわかるようにしておくのもポイントです。

　全ての商品を並べた写真をトップに、2枚目以降に各商品を1つずつ撮った写真にすると、誤解を招く恐れがありません。

セット販売での注意点

　セット商品は全て写真に撮り、個数と商品名を正確に記載します。メルカリでは、中身がわからない商品の出品は禁止されています。5個セットなのに4個しか写っていなかったり、5個セットなのに1個あたりの値段で出品することは禁止されています。

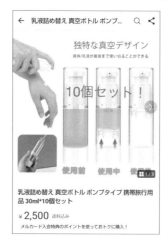

⚠ Check

正しい出品方法の目安
　出品方法に迷ったときは、購入者が出品者に尋ねることなく即購入できる状態かどうかを考えましょう。

05-07

中国からの輸入品を
メルカリShopsで販売する副業術

メルカリと中国輸入は相性抜群！コツを掴めば稼げる副業に

メルカリで稼ぐ方法の一つに、中国からの輸入品販売があります。しかし、適当に商品を選んで輸入販売していては、いつまでたっても稼ぐ事はできません。仕入れ先、売れる商品のジャンル、売るときの注意点など、コツを掴んで売上につなげていきましょう。

中国輸入品をメルカリで販売するメリット

　中国のECサイトは、日本のECサイトより種類が豊富で、日本では手に入りにくい商品の仕入れが可能です。

　価格も安いため、仕入れのコストを抑えることができます。また「中国輸入」はハードルが高いと感じる人も多いようで、ライバルが少ないところも魅力です。

> 📓 **Note**
>
> ### 「せどり」と「転売」の違い
>
> 　「せどり」はビジネスの手法の一つで、元々は古書店などで本を安く仕入れ、高く売って稼ぐことを指す言葉でした。現在は、本に限らずゲームソフトなど需要がある商品が幅広く扱われています。
>
> 　せどりと転売の意味はほとんど同じですが、数量限定商品を買い占めて高値で販売する行為が頻繁に見られることから、非難の意味で転売ヤーなどと言われています。

仕入れ先の選び方

　中国から輸入するなら、「アリババ」「タオバオ」「アリエクスプレス」など大手ECサイトがおすすめです。「アリババ」は卸値で購入できるため値段が安いですが、海外発送に対応していない出店者が多いです。「タオバオ」もまた、ほとんどの店舗が海外発送に対応していません。「アリエクスプレス」は代行者なしで購入できますが、他の2つに比べて種類が少ないのと価格が少し高めになります。代行業者に依頼して輸入するか、高くてもまずは少量を自分で輸入してみるか、最初から仕入先を決めてしまわずに試してみてから決めるのがおすすめです。

> 💡 **Hint**
>
> ### 輸入代行業者を使うメリット
>
> 　輸入代行業者を使うメリットは、中国語のスキルや輸入の知識がなくても仕入れが可能なことです。
>
> 　また、海外発送に対応していない業者からも仕入れできます。出店先とトラブルがあった際の対応を任せられるのも心強いですね。

売れる商品のジャンル

　売れやすく利益を出しやすいのが、アパレル商品です。トレンド商品を安く仕入れることができ、輸送中に壊れる心配もありません。コンパクトに梱包できることから送料も安く済みます。

　ハロウィーンやクリスマスなどのイベント衣装や、ベビー用のコスチュームも人気です。水着やスキーウェアなどのレジャー関連商品を含め、季節商品は時期を選んで出品することで、大きな利益が期待できるでしょう。

中国輸入品を仕入れるときに注意すること

　日本と中国では電圧が違うので、電気製品の仕入れは注意しましょう。電気用品安全法に基づき、家庭用電源につなぐものは全てPSEマークがなければ販売できません。

　ライセンスの必要な医薬品や化粧品、またキャラクター商品の海賊版も知らずに購入すると法律違反になりますので注意を払いましょう。

⚠ Check

偽ブランド品に気を付けて！

　中国のECサイトでは、ブランドのコピー商品が非常に多く出品されています。ブランドの偽物を販売してしまうと、メルカリアカウントの停止だけでなく罪に問われることもあるので、ブランド品の輸入は避けるのがおすすめです。

05-08

メルカリで副業するときの注意点

事前に知っておきたいメルカリShopsや副業のルール

スマホ1つで副業が始められるメルカリShopsですが、始める前に知っておくべきことがいくつかあります。メルカリのルールだけでなく、仕事をしている人にとっては就業規則も確認すべき内容です。ルールを守りながら、副業として稼げるように取り組んでいきましょう。

副業で中古品を扱うときに必要なもの

中古品転売をビジネスとして行う際は、「古物商許可証」が必要になります。

個人で申請する際には、警察署に行くと無料でもらえる「古物商許可申請書」「誓約書」「略歴書」「住民票」「身分証明書（本籍地の市区町村役場で取得）」及び、営業所設営や自動車を扱う場合のみ必要になる書類があります。

申請をしてから許可・不許可の返答にかかる期間は40日間前後となっています。ですので、余裕をもって40日間の収入等を考えて行動する事をおすすめします。

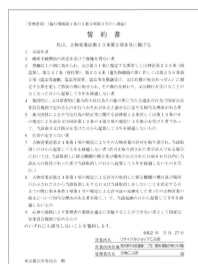

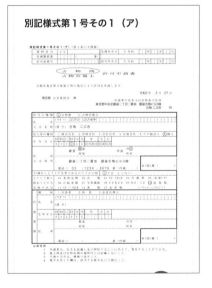

別記様式第1号その1（ア）

中古品の取扱以外に必要な許可

自家製の食品や、生鮮食品、酒類などは許可が必要です。他にも許認可証が必要な業種がいくつかあるので、メルカリShopsへの出店を決めたら、自分が出品したい商品に許可が必要なのか調べ、必要なら早急に申請しましょう。

05

メルカリをもっと活用して稼いでいこう

メルカリShopsで販売できない商品

メルカリShopsでは、法令に違反するものや、現金や宝くじなど換金性が高く換金を目的としているものなど、販売が禁止されている商品がいくつかあります。

また、メルカリでは販売が可能であっても、メルカリShopsでは販売できない商品もあります。

長くメルカリを利用しているユーザーがメルカリShopsを開設する際は、メルカリShopsガイドをしっかり読みましょう。

⚠ Check

取り扱えないもの

宿題や論文の代行、インターネット利用サービスのアカウントや会員特典なども、不正行為のほう助となる可能性があるため販売が禁止されています。

自宅や別荘などの貸し出しも、受け渡しにおいてトラブルになりかねませんので、禁止されています。

会社の就業規則を確認しておこう

日本の法律では「職業選択の自由」が認められているため、副業が理由で罰せられることはありません。しかし、就業規則で副業を禁止している会社もあります。そのような会社で副業をした場合、懲戒処分の対象になる恐れもあるため、副業を始める前に就業規則の確認が必要です。

⚠ Check

本業への影響が出ないよう注意

副業可能な会社であっても、副業に時間を使いすぎて本業が疎かになることのないよう、無理のない範囲で副業できるのがベストです。

確定申告は必要？

「法人」もしくは「個人事業主」で開設した方は、確定申告が必要になります。「個人」で開設した方は所得金額によって変わりますので、金額に応じて確定申告をしてください。

確定申告については、国税庁のサイトをご参照ください。

⚠ Check

メルカリで副業すると会社にバレる？

本業以外で一年間の収入が20万円を超える場合は、確定申告が必要です。その際、金額によっては住民税の額が大幅に変わってくるので、会社に知られる可能性があります。事前に就業規則を確認しておきましょう。

なお、副業の場合は赤字だと申告は不要です。

05-09

メルカリで売れる意外なもの

家にある不用品が意外と売れる！捨てる前にチェックしよう

メルカリでは様々な不用品が出品されているなか、「こんなものが売れるの？」という意外な商品があります。自分にとってはゴミとして捨てるようなものでも、誰かにとっては必要なものかもしれません。捨てる前に、メルカリで売れるかチェックしてみましょう。

ブランドの紙袋や箱

　高級ブランドの紙袋や箱、リボンなどは需要があります。目的はないけれど、なんとなく保管している方は出品のチャンスかもしれませんよ。紙袋は、数点まとめて出品する方が売れやすい傾向にあります。

05

メルカリをもっと活用して稼いでいこう

Hint

お菓子の箱や缶の限定パッケージも人気！
　人気アイドルとのコラボ菓子や、人気お菓子店の限定デザイン缶など、期間限定で販売されている商品を求めている人は多いです。捨てる前に同じ商品が出品されているかチェックしてみましょう。

インテリアやハンドメイド作品に使える自然物

　無料で手に入り、意外と売れるものが流木や石、貝殻や木の実などの自然物です。ハンドメイドの材料に使う人も多く、クリスマスやお正月など、季節によって売れやすくなるものもあるので、出品する時期を選ぶのが売れるコツです。

⚠ Check

出品する前に洗浄・消毒を忘れずに

　自然物を出品する際は、面倒でも洗浄や消毒をすることで購入されやすくなります。商品説明欄にその旨を記載することで売れやすくなります。

夏休みの工作材料

　メルカリでは、トイレットペーパーの芯やペットボトルのキャップなど、一見ゴミにしか見えないものが出品されています。特に夏に出品が増えるのは、夏休みの工作のため。まとまった量の材料を集めるのは、時間もかかるし置き場所にも困ります。アイスの棒やカマボコ板など、場所を取らないものなら普段から集めておけそうですね。

⚠ Check

メルカリで出品できないもの

　メルカリでは、出品が禁止されているものがあります。電子チケットや偽ブランド品、盗品商品、使用済みの下着類、医薬部外品など。これからの出品が確認された場合は、利用制限などのペナルティ措置を受けることがあります。

なかなか売れない時のチェックポイント

売れない原因を無くしていこう！少しのコツで売上UP！

出品して1週間が勝負！といいますが、思うように売れないときもあります。あきらめて出品取り消しにして処分する前に、買ってもらえるよう一工夫してみませんか？メルカリは少しの工夫であっさり売れることがあります。買ってもらえるプロフィール・商品情報・値下げ交渉術をぜひ実践してみてください。

安心して買ってもらえる自己紹介

　自己紹介は、購入者からすれば「お店の紹介」です。もし書いていないなら、ぜひ書くことをおすすめします。購入者が気になるポイントは、喫煙者かどうかやペットの有無、発送の日数、値引き対応の有無などです。簡単に読みやすく書くのも一つの手ですが、丁寧な文章で好感をもってもらえれば、購入にも結びつきやすくなります。

　アイコンは印象に残るものがよいですね。ユーザー名は、「限定セール中！」など定期的に書き直すのもおすすめです。

　トラブルを避けるために、梱包はリサイクルを使っていることや、即購入歓迎、取引にあたっての注意点などを書いている出品者も多いです。

　プロフィールは1000文字まで書くことができますが、あまり長くなると読んでもらえないこともあります。またマイルール（キャンセル不可！ブロックします！など）の強い言葉が羅列されていると、敬遠されることもあるので注意しましょう。

説明文にキーワードを盛り込んで検索にヒットさせよう！カテゴリー設定も重要

　型番や商品の正式名称がある品物は、必ず記載してください。ブランド名は英文字とカナを両方書きましょう。

　また、商品名に「○／○まで限定」など広告的な表記を入れると注目度もUPします。

　説明文に関連キーワードを入れるのも検索ヒット率を上げるコツです。商品と関係ないキーワードはNGですが、同じような商品を探す時に使われるであろう一般的なキーワードを想像して盛り込むと効果的です。

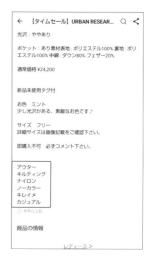

　商品を探す時、ホーム画面の最上部にある検索窓をタップすると、「カテゴリーからさがす」「ブランドからさがす」の2つが表示されます。ブランドが決まっている人以外は、一番簡単な「カテゴリーからさがす」で絞ることが多いです。商品の登録のカテゴリーが適切でないと検索結果に表示されず、購入希望者に見てもらうことができません。カテゴリー設定は1つだけしかできませんので、それ以外はキーワードで説明文に盛り込みましょう。

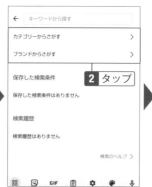

ブランド品は正規品の証明で信頼度をアップ

　ブランド品を出品する場合は、保証書、レシートや証明書、ロゴや刻印、シリアルNO.など、正規品であることを裏付けられる証明を写真で撮影して掲載しましょう。購入時期や店舗なども説明に書くことをおすすめします。証明のできない、正規品かどうかがわからないものは出品できません。

　購入時の箱や紙袋があれば、一緒に出品することをおすすめします。

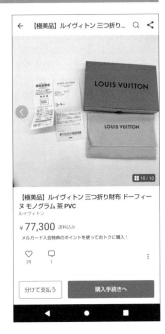

値下げ交渉は無理しない

　「値下げできますか？」のコメントは、「この商品に決めているけど、安くなればラッキー」という軽い気持ちでしてくる人も多いです。保管する場所がなく、すぐに売り切りたいという場合は値下げしてもよいですが、もし余裕がある場合は「出品したばかり」や「値下したばかり」という理由を述べて、今の価格での購入を相談してみる方法もあります。値下げしなくても意外にあっさり購入してもらえることもあります。その時のあなたの状況で決めましょう。

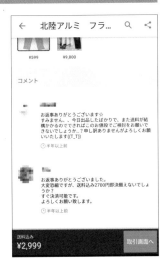

メルカリをもっと活用して稼いでいこう

やりとりする回数は最小限に&消さないで残す

「○○円で購入可能ですか？」と言われた際「可能です」「難しいです」とだけ返答するのは控えましょう。可能であれば希望金額で、もし難しいようであれば、「○○円でいかがですか？お値段変更いたしますのでよろしければご購入のお手続きをおねがいします」と値段を変更しておくと、相手が納得すればすぐに購入手続きをしてくれるでしょう。

「ご希望金額はいくらですか？」と聞いてみてもよいですが、リアルタイムでやり取りしないと返事が来なくなる可能性もありますので注意しましょう。

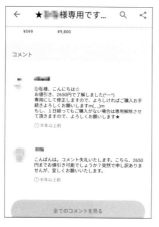

交渉が決裂したとき、出品者はコメントを消すことができます。ただコメントを残しておくことで、丁寧なやりとりをアピールすることが可能で、過去の交渉経緯を見てこの値段なら買おうかなと思ってくれる人もいます。あえてコメントを消さないで残しておくことも一つのポイントです。

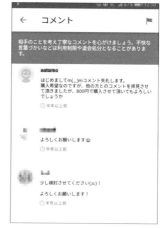

実際にあった失敗事例集＆対策

事例と対策を知る事のメリット

出品者としてメルカリアプリを活用していくうちに、誰もが一度は失敗を経験すると思います。そうなる前に実際にあった失敗事例を知って対策方法を知ることで未然に防ぐ事もできますし、失敗してしまった際に対処方法を知っておく事で問題に迅速に対応できます。

「購入時」のよくある失敗事例＆その対策方法

●事例①　紹介コードやクーポンを使わずに登録・購入してしまった

「紹介コード」は最初の登録時に当てはまることですが、登録や購入後に適応できるクーポンはほぼありません。エントリーをしてからの購入などの条件がほとんどです。

・対処法

購入したい商品があれば、キャンペーンやクーポンを一度チェックをしてからの購入をおすすめします。

●事例②　発送方法を確認せずに購入してしまった

安い！と思い購入すると、着払いで思ったよりも送料がかかり、かえって高くついてしまったということがあります。

・対処法

送料込みか着払いかを確認してから購入しましょう。大型商品で特に多い失敗です。

●事例③　サイズが違っていた

服に多いのが、届いて着てみたらサイズが合わなかった、というケースです。
出品者も自分のサイズと思い購入したものの、サイズが合わなかったから出品したという場合も多いです。

・対処法

Mサイズと言っても、ゆったりなのかピッタリサイズなのか、実寸はどうなのかを確認して購入するようにしましょう。分からない場合は質問してみることも大切です。

●事例④　プロフィールや専用表示を見ずに購入をしてしまった

　「プロフ必読」や「専用」と表示されている商品を購入してしまった場合に、出品者から取引画面で「プロフィールの記載内容を読みましたか」や「他の方の専用のため取引できません」とメッセージがくる場合があります。

・対処法

　あくまでも出品者の独自ルールではありますが、できる限り気持ちの良い取引の為には、よく読んでから購入しましょう。また、トラブル回避のためには、どのような出品者かを確認をしてから購入することもおすすめします。

「出品時」のよくある失敗事例＆その対策方法

●事例①　送り状を貼り間違えた

　同じ日に匿名発送を複数個所にする場合、送り状を貼り間違えて、商品を別の人に送ってしまうといったケースがあります。

・対処法

　梱包後、商品の端などに鉛筆で「商品名」や「発送先の都道府県」を書いておくことも、間違いを防ぐ方法のひとつになります。送り状の下に書くという出品者もいるようです。中には、「○○在中」と商品名を書く人もいるようですが、購入者の事情によってはトラブルになる可能性もあります。あくまでも間違えないように注意をしましょう。

●事例②　発送控えを保存していなかった

　まれに送り先を間違えてしまったり、途中で発送がキャンセルになる場合もあります。そういった場合などに、発送控えがないと困ることもあります。

・対処法

　控えをすぐに処分する人もいるようですが、取引が完了するまでや、ある一定期間保存しておくことをおすすめします。

●事例③　届けた商品が壊れていた

　ハンドメイド作品に多いトラブルです。発送する際には問題がなかった商品でも、購入者に届くまでの間に壊れたり外れてしまう事があります。

・対処法

　商品が到着するまで壊れないように、緩衝材を使用し、封筒や箱などで梱包すると衝撃に強くなります。

　また、作品を作る際にはしっかりと接着し、強度を高めることも効果的ですので、作った後にもしっかり接着されているか確認しましょう。

●事例④　普通郵便のポスト投函で破損

　送料込みの設定をすると、できるだけ安くで送りたいと思うのが心情でしょう。ポストに投函型の普通郵便で送り、破損や紛失するケースもあります。

・対処法

　不用品でも、販売するということは「商品」です。購入者が気持ちよく受け取れる方法をまずは考えましょう。状況が追跡できる方法や、保証がある発送方法を選んでおくことが有効です。

●事例⑤　通称「圏外飛ばし」を起こしてしまった

　メルカリには「圏外飛ばし」と呼ばれるペナルティが存在します。圏外飛ばしとは、自分の出品している商品が、新着商品や検索結果ページの上位に表示されなくなる（半年以上前のページまで飛ばされる）ペナルティのことです。

・対処法

　出品初心者が陥りがちなケースでは、出品後上位に表示されたくて、短期間に再出品を繰り返したり、ツールを使ってラクして大量出品を行うことで、ペナルティを受けやすいとされています。出品前に値段の設定や説明書きをしっかりと決めて、出品するようにしましょう。

●事例⑥　違反商品と知らずに出品してしまった

　メルカリには出品できる商品、できない商品があります。著作権保護の為に出品できない商品や、ある一定期間出品を禁止している商品もあります。知らずに出品してしまうと、アカウントの停止やペナルティを受ける場合があります。

・対処法

　まずは規約を熟知すること。そして、よほどレアなものでなければ、たいていは他の誰かが同じ商品を出品しています。出品前に商品検索して、どんな商品が出品されているかチェックしましょう。売れやすい価格や売れるコツを発見できることもあります。

05-12

実際にあった取引開始後の
トラブルと対策

知っておくと未然に防げるトラブル

取引開始から購入者の手元に商品が届いた後まで、メルカリアプリの使い方を知らないとトラブルになることがあります。知っておけば未然に防げるトラブルですので、対策の為に是非この機会に知識を得ましょう。

出品・購入の際には頭に入れておこう

●事例① 購入した商品が届かない・発送されない

よくあるトラブルです。購入者からすれば、購入したらすぐにでも手元に欲しいし、必要としています。仕事が忙しいなど、出品者側にも事情があるとは思いますが、翌日には発送するのがベストと言えます。問い合わせのポイントは、発送されたかされていないかで変わってきます。

・対処法

メルカリでは、発送までの日数を「1〜2日」「2〜3日」「4〜7日」の3つから選びます。すぐに発送できそうにない場合は、遅めの発送に設定しておきましょう

また、購入者側としては配達状況を確認するなどして、発送日数を超えても発送されない場合は、キャンセルを検討してもよいでしょう。

なお、商品が届かない理由として、マンション名や部屋番号が書かれておらず届かないといった場合もあるようです。購入時には受取先の住所を確認することも、トラブル回避につながります。

●事例② 購入希望者専用に出品した商品を別の人が購入

購入希望者が複数いた場合に起きるトラブルです。専用出品を他の人が横取りしても、メルカリの違反行為には該当しません。ですが「取り置きしてください」「専用出品してください」と言われ了承していたにもかかわらず他の人に販売してしまった場合は、トラブルにつながってしまいます。

・対処法

出品者側ができる対策方法としては、すぐ購入してくれる人に売りたいのか、あるいは先に購入の意思を伝えてくれて、約束をしてくれた人に売りたいのか決めておきましょう。取り置きや専用出品について相談され、了承したのなら、他の人に売るのはやめましょう。

取り置きの場合も期間を決めておくと、出品者側も不安にならずスムーズに取引ができます。

また、購入希望者専用に出品したのに購入されないといった場合も同様に、タイトルに期間を記載しておくと、スムーズに次の人に販売することができます。

●事例③　購入されたのに商品代金が支払われない

　支払いが完了すると、プッシュ通知とメールで連絡がきます。
　商品代金の支払い期限は、購入してから購入日を含む3日目の23時59分とされています。

・対処法

　期日までに商品代が払われない場合は、取引メッセージで購入者に確認するか、丁寧に一言入れた上で、キャンセル申請を検討することが最善です。

●事例④　受取評価をしてくれない

　取引は商品を受け取って、互いに評価をした時点で完了となります。購入者が取引評価をしてくれない理由として、配達済みでもまだ商品状態を確認していない場合があります。

・対処法

　購入者は、商品を確認してから評価をすることをおすすめします。
　出品者は、配達状況を確認してから取引メッセージで連絡をとり、評価を促すと共に相手の状況も確認するようにしましょう。商品配達完了から一定期間経つと自動で取引が完了する仕組みになっています。

　意図的に評価をしないことは迷惑行為に該当し、警告や利用制限の対象になる場合もあります。商品の受け取りと商品状態の確認ができ次第、スムーズに評価することをおすすめします。

●事例⑤　購入した商品を返品して返金してほしい・不当な返品要求をされる

　返品理由にもよりますが、まずは商品を返品してもらい、受け取り次第商品状態を確認することです。
　双方の評価が終わり取引が完了している場合は、返品やキャンセルができない仕組みになっています。
　返品先等の情報は取引メッセージで行い、出品者は手元に到着した返品商品を確認次第、メルカリを通じてキャンセル申請を行うことになります。

・対処法

　出品者の同意なしに受取拒否や返品する人もいるようですが、送料の負担や配送方法は双方での話し合いが基本です。返品の際は、トラブル防止のために追跡サービスを使ってのやり取りをおすすめします。

●事例⑥　説明内容と違うものが届いた、ブランド品が偽物だった

　ブランド品が偽物だったのにキャンセルや返品してもらえないというトラブルもあるようです。出品者側は、トラブルにならないよう購入者が気になるポイントをしっかりと説明しましょう。
　購入者側も、説明文をしっかりと読んで、あまり説明が書かれていない出品者の商品は購入しないことをおすすめします。

・対処法

　まずは絶対に受け取り評価をしないことです。偽物、非正規品の可能性があると分かった場合は、判断した根拠を出品者に伝え、返品・キャンセルに向けて話し合いをしてください。

　自動で取引完了になってしまう場合があります。2〜3日たっても解決しない場合は、事務局に一報を入れて相談してみるのも解決に向けての方法になります。

●事例⑦　購入したものが壊れていた、説明にない汚れなど劣化があった

　配送方法によっては、商品が輸送中に壊れてしまう場合があります。商品状態の情報、商品の破損状態が確認できる画像、梱包が分かる画像、梱包の外装が分かる画像の4点が必要になってきます。

・対処法

　取引を完了すると対処ができなくなるため、受取評価をしないようにしましょう。すぐに出品者に取引メッセージを送るとともに、事務局にも問い合わせを入れます。メルカリ便以外の場合、配送会社に相談となります。

　販売側の心得として、トラブルにならないように梱包方法は正しく、丁寧にする必要があります。

　購入側としては、出品者の過去の評価や取引回数も参考にして購入することが、トラブル回避につながります。

●事例⑧　送料込みなのに着払いで届いた

　メルカリ便を使わない大型商品に起こることがあるようです。

　まずは購入した商品が、着払い（購入者が負担）での出品か、送料込み（出品者が負担）での出品かを確認しましょう。

・対処法

　出品者は、発送方法に「メルカリ便」を使うのがベストです。メルカリを通さずに金銭のやり取りを行うことは大変危険です。取引メッセージで送料の負担や商品の返送などを相談することをおすすめします。

●事例⑨　過度な値下げを要求される

　取引する上で、購入者はできるだけ安く買いたいのが心情です。トラブルは購入された後に起こることが多いようですが、大幅な値段交渉が起きることも良くある話です。

・対処法

　出品時点に少し高めに値段設定し、値下げ交渉が来た際にも対応できるようにしておくことも、コツのひとつです。また値下げに納得しない場合は丁寧にお断わりして、気持ちよく購入してくれる人が見つかるまで待つのも方法です。

⚠ Check

メルカリでは偽ブランド品の取り締まりを強化

ブランド品を安心・安全に取引できるよう、メルカリでは不正出品・不正行為対策を実施しています。捜査機関や官公庁とも情報交換し、違反や犯罪を未然に防ぐ体制を構築しています。

みんなのメルカリ活用術
大公開

実際にメルカリを活用されているユーザーさんにインタビュー
をしました。「お得にこんな風に買物をしているよ」とか「こん
な工夫をしたら売れたよ」など、利用してはじめて分かった生
の体験談やメルカリ機能とメルカリShopsを使い分けて、在宅
ワークに取り組むハンドメイド作家さんまで、ライフスタイル
の中にメルカリを取り入れて収入に繋げているユーザーさん
の活用術を大公開します。

メルカリユーザー直撃!!
メルカリ活用術インタビュー

メルカリを使って好きを仕事に出来るメルカリ Shops 出店

今まで、転売やせどり行為はグレーでしたが、メルカリ Shops 機能が実装されてから、メルカリを使ってお仕事にすることも出来るようになっています。WEB に強くない方もネットショップを立ち上げたり、ショッピングモールより手軽に出店して販売できるのも魅力です。新しい働き方かもしれません。
メルカリを活用している方を直撃インタビューしました。

Vol.1 メルカリ Shops 出店
レジンアクセサリーshop Cerise（スリーズ）さん

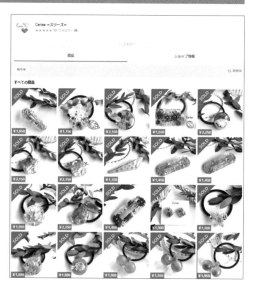

──メルカリ shops ではどんなお店を出店されていますか？

『見つけて欲しい、あなたの好きな色　結うだけで心華やか私色アクセサリー』をテーマに、レジンで作ったヘアゴムをメインに販売しています。ヘアゴム以外も制作していますが、ヘアゴム屋さんと認知いただけたら嬉しいです。

──オープンされたのはいつ頃ですか？

個人でずっと使っていて、メルカリ Shops のオープンは 2022 年の 3 月 8 日です。たまたま父の誕生日で覚えやすい日に出店となりました。

──メルカリ shops と一般のアカウントを使い分けていますか？

使い分けてます。元々一般アカウントで私物を販売していました。

お店を始めたいと思った時に品物が私物と混ざるのが嫌だなと思っていましたが、アカウントを別に持てると知り助かりました。

──メルカリshopsを運営されていて嬉しかったことや失敗談をお聞かせ下さい

やはりレビューなどでお客様のお喜びの声をいただいた時です。

お客様の貴重な時間やお金を使ってご購入いただく訳ですから、喜んでいただけると私も嬉しくなります。

失敗談と言えるか分かりませんが、『レビューに返信が出来る』という事に長い事気付きませんでした。

レビューをくださったお客様に感謝の気持ちをお伝えしたいと思っていたので、返信出来ると気付いてから、レビューからかなり時間が経ったお礼を書かせていただきました笑

──メルカリshopsを運営されていて気を付けていることをお聞かせください

やはり写真ですかね。作品の魅力が伝わるようにという事と、お店として統一感が出るように意識しています。あとはお客様に安心していただけるように、取引きメッセージをご購入いただいた時と、発送時にお送りしています。

ショップデータ：
shop名　Cerise（スリーズ）
Instagram　https://www.instagram.com/cerise2238325
lit.link　https://lit.link/Cerise
メルカリshops
https://mercari-shops.com/shops/FmbMV5tTrt3YfiuaKxs9yj

メルカリ Shops 出店
マクラメ ハンドメイドショップ　ichi　さん

Vol.2

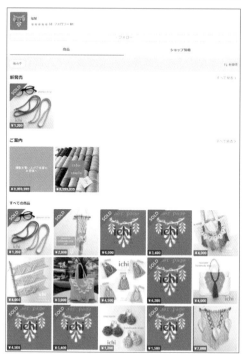

──**メルカリshopsではどんなお店を出店されていますか？**

　マクラメのハンドメイドショップを出店しています。

──**オープンされたのはいつ頃ですか？？**

　2021年11月頃からです。

──**メルカリshopsと一般のアカウントと使い分けていますか？**

　使い分けています。

──**メルカリshopsを運営されていて嬉しかったことや失敗談をお聞かせ下さい**

嬉しかったことは

　安くて可愛いモノで溢れている世の中で、ichiの商品を見つけてくれて、お家に飾って頂いたり、身につけて頂けるのは特別に嬉しいです。

　お子様の初節句の撮影にと鯉のぼりのご注文を頂いたり、お友達へのプレゼント用にとご注文頂けたり、リピートしてくださる方もいて嬉しいです。

失敗談は

　始めた頃は“可愛い”とか“オシャレ”とかこだわりを持ちすぎて梱包にコストと時間がかかりすぎていました。

　あと、ハンドメイドなので値段設定に結構悩みました。

──メルカリshopsを運営されていて気を付けていることをお聞かせください

　大半が受注製作の為、発送までに少しお時間を頂くので、お客様が安心してお待ち頂けるように、ご購入後のメッセージでのやりとりは迅速に丁寧にするように心がけてます。

　また、写真も凄く気をつけています。
　まず見て頂けるのは写真なので、写真に魅力がないとそもそも目をとめていただけません。写真が全てだ！と言っても過言ではないと思います。
　写真は、webshopでお客様にとって一番大事な情報の一つなので、ただ綺麗に撮るのではなく、実際の色味に近づけること、見えない部分を限りなくなくすことを心がけています。
　さらに、shop全体を見た時に雰囲気がまとまるように写真の色味を揃えて、一貫性を持たせるようにしています。

ショップデータ：

shop名　macrame handmade shop ichi
Instagram　https://www.instagram.com/ichi_handmade_2021/
lit.link　https://lit.link/macramehandmadeshopichi
メルカリshops
https://mercari-shops.com/shops/PZ36Gangfw4mZ8rb5oJE9R

みんなのメルカリ活用術大公開

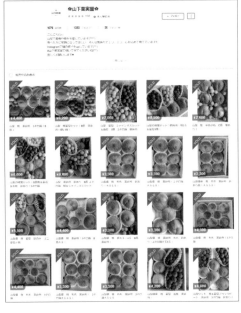

Vol.3 山下果実園 さん

　山梨で葡萄や桃を母と二人で生産しています (*^^*) 食べた方に笑顔になってほしい…そんな気持ちで1つ、1つ、心を込めて育てています‼ Instagramでは畑の様子をupしています (^^)

　メルカリではお客様から直の声を聞けて、お礼のメッセージや美味しかったの声が聞けてとても嬉しいです。評価が売り上げにも繋がります！

　配送の伝票もQRコードで読み込むだけなのですごく楽で、誰にでも出来ます。

　その日の収穫でB品がでたときに出品出来るのでとても助かります。

Instagram　https://www.instagram.com/yamashita.kajituen/

メルカリ　https://jp.mercari.com/user/profile/22472799

⚠ Check

購入はメーカーさん、販売者さんから

農家さんやメーカーさんもメルカリShopsをオープンされていますが、
まだまだ転売ヤーもいるのが現状です。
食品は特に品質状態が大切です。買物代行のようにならないように
ぜひメーカーさん、販売者さんが販売されているアカウントから購入することをオススメします。

──始めたきっかけは何ですか？

　服好きで、部屋中が服で溢れてしまいどうにかした
かった。

　知人が始めて楽しそうだったので身近に感じられた。

──始めるまでに不安だったことはありますか？

　住所など、知られたくない。トラブルは大丈夫かなと
思っていました。

──始めて驚いたことはありますか？

　出品してすぐに売れる。リサイクルショップと比較できない程の高値で売れる。
　定価より高く売れることもあり驚いています。

──あなたのメルカリ活用術を教えてください

　お洋服や頂いたものなど主に不用品であまり嵩張らないものを出品しています。
　意外に売れた物として開封済みのコスメ 汚れやキズのある服が売れて驚きました。

──売れるように工夫していることがあれば教えてください

・季節物は、その時期の店頭に並ぶ前にメルカリに出品
・購入者がスマホを触ると思われる時間帯に出品
・背景は白で撮影、状態がわかる部分をしっかり見せる

Instagram　https://www.instagram.com/saaaya_asajitan_fashion/

06

みんなのメルカリ活用術大公開

矢野麻子 さん　（恋するご当地調味料サイトライター）

──始めて驚いたことはありますか？

　いろいろあります。10年以上前のハッピーセットのおもちゃが売れたことも。

　リサイクルショップで引き取ってさえもらえなかった海外の蚤の市で買ったトルココーヒーの鍋が2000円で売れた時は「やったぜ！」と嬉しかったです。

──嬉しかったエピソードを教えてください。

　ベビー用品を購入したときに、「子育ては無理せずお互い楽しみましょう」とメッセージが入っていて嬉しかったです。一言メッセージのやりとりも良いなと思いました。

恋するご当地調味料サイト　https://umauma-kyushu.com/

Vol.6　**工藤りぃ さん　（北海道保育士地域ライター）**

　フェルトで作ったハーフバースデー用の「〇〇ピーハーフ」服は、我が子に作ったものを出品しました。

　すぐに売れて、一度しか使わない記念に残すグッズはママ人気が高い気がします。

　初節句用の袴ロンパースや、親戚の結婚式に着用した子ども用フォーマル服はメルカリで安く購入しました。リサイクルショップより安く手に入り、助かりました。子育て中の良い思い出です。

Instagram　https://www.instagram.com/rii_hkd/

——メルカリshops
　ではどんなお店
　を出店されてい
　ますか？

果物を販売するお店です。1年中が収穫期の和歌山県紀の川市の果物農家ですので、季節ごとに、シャインマスカット、マイハート、BKシードレス、巨峰、はるみ、たねなし柿、びわ、キウイなど、有機肥料のみを使用した土づくりで、どこでも買えるものではなく、わざわざインターネットで購入していただく価値のあるものを作ることを目標に、日々責任を持って作業し、「とにかく味の濃厚な果物を作りたい！まず自分が喜んで食べられるものを作る」をモットーにしています。

——メルカリshopsと一般のアカウントと使い分けていますか？

　特には使い分けていません。Shopsをメインに果物農家のお店として展開しています。

——メルカリshopsを運営されていて嬉しかったことや失敗談をお聞かせ下さい

　らくらくメルカリ便でもクール便が使えるようになり、販売できるものが増えました。

　あと、お1人ずつに評価をする必要がなくなったので、手間が半分になり、大変助かりました。

——メルカリshopsを運営されていて気を付けていることをお聞かせ下さい

　扱っているものが生物なので、検品と輸送中に傷まないような梱包に大変気をつけています。

ショップデータ：

shop名　和歌山ももりファーム

Instagram　https://www.instagram.com/momorifarm

メルカリshops

https://mercari-shops.com/shops/EaG3JynwMr8qhv77jv5iKa

06

みんなのメルカリ活用術大公開

06-02

みんなの声
メルカリ活用術インタビュー

やってみて分かったエピソードインタビュー

やってみないと分からないことや、トラブルだけでなく、あったかい出逢いもあります。
アンケートに答えて下さったみなさまのコメントを紹介。

意外に売れたものや買ってよかったもの

電池を入れても動かないゲームボーイです。
こんなもの需要あるのか？と思いつつ出品
したらものの数分で売れました。

自分としては価値のつけようがないものも、
意外と欲しいと思ってくれる人がいるもん
です。こんなもの売れないか、と思わずに一
旦出品してみてほしいです。

バスソルト/ローズソープ/携帯用シャンプーなどお
得セット

¥1,080 送料込み

記名のある裁縫セットが意外に売れました!!

子どもたちが遊ばなくなったおもちゃをク
リスマスシーズンに出品しました。
購入した値段からマイナス1000円くらい
の高値で、出品して1時間後に売れました。
シーズン、キャラクター物は最強ですね!

今までで困った取引きや失敗談などエピソード聞かせて!!

すぐに値引き交渉してくる方にはあまり売りたくないです。

表示された通りの住所に送って返送されてきたことです。発送後から連絡が取れ
なかったので、運営に相談したところ、郵送費も含めて払い戻されましたが、非
常に不安でした。

買いたいものが決まってるのは分かるのですが、複数の商品に同じコメント残して同時に値段交渉をしている方がいていい気分がしませんでした。同時はぜひやめてほしいです。

商品を購入して、記載の発送予定日を過ぎてもなかなか発送されなかったこと。

評価をくださらないお客様は、14日後にならないと事務局に申請できないため、2週間モヤモヤして過ごしました。

まだメルカリを始めてまもない頃に、オークションとの違いが分かっていなくて、毎日欲しい商品をみていたこと。2週間近く待ってましたが結局買われてしまったので後悔してます。

自分ではきちんと状態を確認したつもりで、出品したが購入者より傷があることを指摘され、取引が白紙になった。

半年前くらいに出品されている商品にコメントで質問したけど、なかなか返信をもらえなかったことです。出品しているのなら、時々はチェックしてほしいなと思います。

タオルを多く出品されている方に、複数購入希望と値引きお願いコメントで、片方の送料分は引いてもらえると思っていましたが、微々たる値引きだけだったので再度コメントしたら、断られました。2商品で厚みが出るため、送料はプラスになると後から知りました。申し訳なかったです。

今までで良かった・嬉しい・あったかいエピソード聞かせて!!

お金になると思ってなかったものがちょっとしたお小遣いになること。

メルカリを通して、見ず知らずのママさんから子育ての相談を受けたりいろんなつながりをもつことができて面白いです。

梱包が綺麗で気分もめちゃくちゃいいです！など返信の早さで直ぐに取引完了になって入金されたのは嬉しかったです。

パーツが割れたアクセサリーが売れた時は嬉しかったです。
パーツが安く買えたりするのもメルカリの魅力です。

もらったノベルティが意外と売れることが嬉しいです。需要もないと思って捨てるか悩む程度の物でも購入していただけました。

みんなのメルカリ活用術大公開

時期をみて商品を出品することです。例えばクリスマスの1ヶ月前～1週間前くらいにおもちゃを出品すると、他の時期よりも高くすぐに売れます。

断捨離をするたびに、まだ使えるけどいらない！というものはすぐに出品してみて!!
自分はいらないものでも、誰かが使ってくれて自分の手元から魔物がなくなるのであれば一石二鳥です！

初めは高めに値段設定してセールやクーポンと称して安くするとサラッといいお値段で売れます。

ゲーム系はクリアしたらそのまま出品すると基本すぐ売れるのでよく買って売っています。

まずは周りの出してる値段を見てから1番低い価格で出品すると売れやすいです。

思い出があるものを捨てられない方は「誰かが使ってくれている」と思うだけで手放せたりしますのでおすすめです。

用語索引

268

■著者
小山田　紘子（おやまだ　ひろこ）

地域コミュニケーター 1978年生まれ。
読者モデル・週末起業家女性起業家賞
受賞を経て広告制作や販促イベントを
請け負う事業として独立。育児ノイ
ローゼ時期に始めたWEBマガジンが
きっかけに立ち上げた子育て中の母親
を支援するNPO団体は、全国の子育て
支援団体と連携し1万人以上のネットワークへ繋がる。現在は「地
域みんなで子育て」「パソコン1つで好きなことを自分らしく複業
思考でナチュラルに仕事をするライフスタイル」を提唱し、全国約
10支部のママプロと共に、オンラインから企業と消費者を繋ぐ
「マママーケティング」や行政からの依頼を中心に何か活動したい
母親向けの講演やセミナーを軸に活動中。

ママプロラボ　https://mamaprolab.net/
ナチュラルライフサロン　https://happyofks.com/
アメブロ　ameblo.jp/hiko-kobe
X（旧Twitter）　@hikoeno
Instagram　@hiko.oyamada

■監修
染谷　昌利（そめや　まさとし）

株式会社MASH 代表取締役
12年間の会社員時代からさまざまな副業に取り組み、2009年に
インターネット集客や収益化の専門家として独立。
起業後はブログメディアの運営とともに、コミュニティ（オンライ
ンサロン）運営、書籍の執筆・プロデュース、企業や地方自治体の
インターネットマーケティングアドバイザー、講演活動など、複数
の業務に取り組むパラレルワーカー。
著書・監修書に『ブログ飯』（インプレス）、『アフィリエイトの教科
書』『YouTube×ブログの教科書』（ソーテック社）、『動画マーケ
ティング 成功の最新メソッド』（MdN）、『クリエイターのための権
利の本』（ボーンデジタル）、『Google AdSense マネタイズの教科
書』『副業力』（日本実業出版社）など40作以上。

■取材・執筆協力
矢野麻子　斎藤美彩季　工藤理恵　内田侑枝　ももあいり
ママプロラボのメンバーさん多数

※本書は2023年10月現在の情報に基づいて執筆されたものです。
本書で紹介しているサービスの内容は、告知無く変更になる場合があります。あらかじめご了承ください。

■イラスト・カバーデザイン
高橋 康明

メルカリ完全マニュアル[第2版]

発行日	2023年 11月 20日	第1版第1刷
	2024年 3月 25日	第1版第2刷

著　者　小山田　紘子
監　修　染谷　昌利

発行者　斉藤　和邦
発行所　株式会社　秀和システム
　　　　〒135-0016
　　　　東京都江東区東陽2-4-2　新宮ビル2F
　　　　Tel 03-6264-3105 (販売) Fax 03-6264-3094
印刷所　三松堂印刷株式会社　　　　　Printed in Japan

ISBN978-4-7980-7086-5 C3055

定価はカバーに表示してあります。
乱丁本・落丁本はお取りかえいたします。
本書に関するご質問については、ご質問の内容と住所、氏名、
電話番号を明記のうえ、当社編集部宛FAXまたは書面にてお送
りください。お電話によるご質問は受け付けておりませんので
あらかじめご了承ください。